中华精神家园

科技回眸

数学史鉴

数学历史与数学成就

肖东发 主编　李正平 编著

中国出版集团

现代出版社

图书在版编目（CIP）数据

数学史鉴 / 李正平编著. — 北京：现代出版社，
2014.10（2019.1重印）
　　（中华精神家园书系）
　　ISBN 978-7-5143-2989-6

　　Ⅰ．①数… Ⅱ．①李… Ⅲ．①数学史－中国－古代
Ⅳ．①O112

中国版本图书馆CIP数据核字（2014）第236382号

数学史鉴：数学历史与数学成就

主　　编：肖东发
作　　者：李正平
责任编辑：王敬一
出版发行：现代出版社
通信地址：北京市定安门外安华里504号
邮政编码：100011
电　　话：010-64267325　64245264（传真）
网　　址：www.1980xd.com
电子邮箱：xiandai@cnpitc.com.cn
印　　刷：固安县云鼎印刷有限公司
开　　本：710mm×1000mm　1/16
印　　张：9.75
版　　次：2015年4月第1版　　2021年3月第4次印刷
书　　号：ISBN 978-7-5143-2989-6
定　　价：29.80元

　　党的十八大报告指出："文化是民族的血脉，是人民的精神家园。全面建成小康社会，实现中华民族伟大复兴，必须推动社会主义文化大发展大繁荣，兴起社会主义文化建设新高潮，提高国家文化软实力，发挥文化引领风尚、教育人民、服务社会、推动发展的作用。"

　　我国经过改革开放的历程，推进了民族振兴、国家富强、人民幸福的中国梦，推进了伟大复兴的历史进程。文化是立国之根，实现中国梦也是我国文化实现伟大复兴的过程，并最终体现为文化的发展繁荣。习近平指出，博大精深的中国优秀传统文化是我们在世界文化激荡中站稳脚跟的根基。中华文化源远流长，积淀着中华民族最深层的精神追求，代表着中华民族独特的精神标识，为中华民族生生不息、发展壮大提供了丰厚滋养。我们要认识中华文化的独特创造、价值理念、鲜明特色，增强文化自信和价值自信。

　　如今，我们正处在改革开放攻坚和经济发展的转型时期，面对世界各国形形色色的文化现象，面对各种眼花缭乱的现代传媒，我们要坚持文化自信，古为今用、洋为中用、推陈出新，有鉴别地加以对待，有扬弃地予以继承，传承和升华中华优秀传统文化，发展中国特色社会主义文化，增强国家文化软实力。

　　浩浩历史长河，熊熊文明薪火，中华文化源远流长，滚滚黄河、滔滔长江，是最直接的源头，这两大文化浪涛经过千百年冲刷洗礼和不断交流、融合以及沉淀，最终形成了求同存异、兼收并蓄的辉煌灿烂的中华文明，也是世界上唯一绵延不绝而从没中断的古老文化，并始终充满了生机与活力。

　　中华文化曾是东方文化摇篮，也是推动世界文明不断前行的动力之一。早在500年前，中华文化的四大发明催生了欧洲文艺复兴运动和地理大发现。中国四大发明先后传到西方，对于促进西方工业社会的形成和发展，曾起到了重要作用。

中华文化的力量，已经深深熔铸到我们的生命力、创造力和凝聚力中，是我们民族的基因。中华民族的精神，也已深深植根于绵延数千年的优秀文化传统之中，是我们的精神家园。

总之，中华文化博大精深，是中国各族人民五千年来创造、传承下来的物质文明和精神文明的总和，其内容包罗万象，浩若星汉，具有很强的文化纵深，蕴含丰富宝藏。我们要实现中华文化伟大复兴，首先要站在传统文化前沿，薪火相传，一脉相承，弘扬和发展五千年来优秀的、光明的、先进的、科学的、文明的和自豪的文化现象，融合古今中外一切文化精华，构建具有中国特色的现代民族文化，向世界和未来展示中华民族的文化力量、文化价值、文化形态与文化风采。

为此，在有关专家指导下，我们收集整理了大量古今资料和最新研究成果，特别编撰了本套大型书系。主要包括独具特色的语言文字、浩如烟海的文化典籍、名扬世界的科技工艺、异彩纷呈的文学艺术、充满智慧的中国哲学、完备而深刻的伦理道德、古风古韵的建筑遗存、深具内涵的自然名胜、悠久传承的历史文明，还有各具特色又相互交融的地域文化和民族文化等，充分显示了中华民族的厚重文化底蕴和强大民族凝聚力，具有极强的系统性、广博性和规模性。

本套书系的特点是全景展现，纵横捭阖，内容采取讲故事的方式进行叙述，语言通俗，明白晓畅，图文并茂，形象直观，古风古韵，格调高雅，具有很强的可读性、欣赏性、知识性和延伸性，能够让广大读者全面接触和感受中国文化的丰富内涵，增强中华儿女民族自尊心和文化自豪感，并能很好继承和弘扬中国文化，创造未来中国特色的先进民族文化。

2014年4月18日

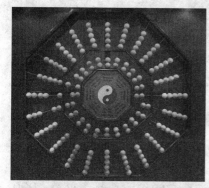

追根溯源——数学历史

数学的萌芽与奠基　002

数学理论体系的建立　008

古典数学发展的高峰　014

中西方数学的融合　020

完整的数学教育模式　027

开创辉煌——数学成就

036　发现并证明勾股定理

042　发明使用0和负数

048　内容丰富的图形知识

058　独创十进位值制记数法

065　数学史上著名的"割圆术"

072　遥遥领先的圆周率

077　创建天元术与四元术

084　创建垛积术与招差术

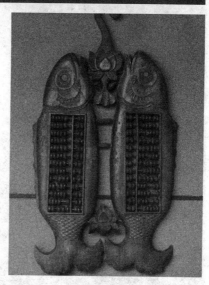

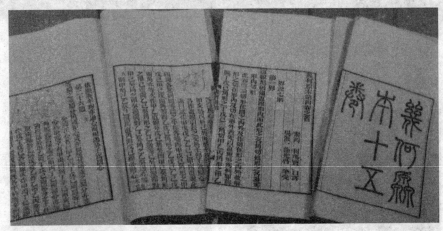

群星闪耀——数学名家

古典数学理论奠基者刘徽 090

推算圆周率的先祖祖冲之 097

闪耀数学思想光芒的贾宪 105

数学成就突出的秦九韶 112

用天元术建方程的李冶 118

贯通古今的数学家朱世杰 125

世界级数学大师梅文鼎 130

学贯中西的数学家李善兰 140

数学历史

数学是我国古代科学中的一门重要学科，其发展源远流长，成就辉煌。根据它本身的特点，可分为这样几个时期：先秦萌芽和汉唐奠基时期、古典数学理论体系建立的时期、古典数学发展的高峰时期和中西方数学的融合时期。

我国古代数学具有特殊的形式和思想内容。它以解决实际问题为目标，研究建立算法与提高计算技术，而且寓理于算，理论高度概括。同时，数学教育总是被打上哲学与古代学术思想的烙印，故具有鲜明的社会性和浓厚的人文色彩。

数学的萌芽与奠基

■ 石器时代

我国古代数学发轫于原始公社末期，当时私有制和货物交换产生以后，数与形的概念有了进一步的发展，已开始用文字符号取代结绳记事了。

春秋战国时期，筹算记数法已使用十进位值制，人们已谙熟九九乘法表、整数四则运算，并使用了分数。西汉时期《九章算术》的出现，为我国古代数学体系的形成起到了奠基作用。

那是春秋时期，有一个宋国人，在路上行走时捡到了一个别人遗失的契据，拿回家收藏了起来。他私下里数了数那契据上的齿，然后高兴地告诉邻居说："我发财的日子就要来到了！"

■ 甲骨文

契据上的齿就是木刻上的缺口或刻痕，表示契据所代表的实物的价值。

当人类没有发明文字，或文字使用尚不普遍时，常用在木片、竹片或骨片上刻痕的方法来记录数字、事件或传递信息，统称为"刻木记事"。

我国少数民族曾经使用刻木记事的，有独龙族、傈僳族、佤族、景颇族、哈尼族、拉祜族、苗族、瑶族、鄂伦春族、鄂温克族、珞巴族等民族。

如佤族用木刻计算日子和账目；苗族用木刻记录歌词；景颇族用木刻记录下村寨之间的纠纷；哈尼族用木刻作为借贷、离婚、典当土地的契约；独龙族用递送木刻传达通知等。凡是通知性木刻，其上还常附上鸡毛、火炭、辣子等表意物件，用以强调事情的紧迫性。

其实，早在《列子·说符》记载的故事之前，我们的先民已经在从野蛮走向文明的漫长历程中，逐渐认识了数与形的概念。

出土的新石器时期的陶器大多为圆形或其他规则形状，陶器上有各种几何图案，通常还有3个着地点，都是几何知识的萌芽。说明人们从辨别事物的多寡中逐渐认识了数，并创造了记数的符号。

殷商甲骨文中已有13个记数单字，最大的数是"三万"，最小的

■ 陶器上的几何图案

商高 西周初期数学家。与周公旦同时期人。在公元前1000年发现勾股定理的一个特例：勾三，股四，弦五。早于毕达哥拉斯定理五六百年。其数学成就据《周髀算经》记载，主要有3方面：勾股定理、测量术和分数运算。

是"一"。一、十、百、千、万，各有专名。其中已经蕴含有十进位值制的萌芽。

传说大禹治水时，便左手拿着准绳，右手拿着规矩丈量大地。因此，我们可以说，"规""矩""准""绳"是我们祖先最早使用的数学工具。

人们丈量土地面积，测算山高谷深，计算产量多少，粟米交换，制定历法，都需要数学知识。在约成书于公元前1世纪的《周髀算经》中，记载了西周商高和周公答问之间涉及的勾股定理内容。

有一次，周公问商高："古时做天文测量和订立历法，天没有台阶可以攀登上去，地又不能用尺寸去测量，请问数是怎样得来的？"

商高略一思索回答说："数是根据圆和方的道理得来的，圆从方来，方又从矩来。矩是根据乘、除计算出来的。"

这里的"矩"原是指包含直角的作图工具。这说明了"勾股测量术",即可用3比4比5的办法来构成直角三角形。

《周髀算经》有"勾股各自乘,并而开方除之"的记载,这已经是勾股定理的一般形式了,说明当时已普遍使用了勾股定理。勾股定理是我国数学家的独立发明。

《礼记·内则》篇提道,西周贵族子弟从9岁开始便要学习数目和记数方法,他们要受礼、乐、射、御、书、数的训练,作为"六艺"之一的"数"已经开始成为专门的课程。

春秋时期,筹算已得到普遍的应用,筹算记数法已普遍使用十进位值制,这种记数法对世界数学的发展具有划时代的意义。这个时期的测量数学在生产上

周公 姓姬名旦,又称"周公旦""叔旦"。是周代周文王的儿子,西周初期杰出的政治家、军事家和思想家。他曾先后辅助周武王灭商、周成王治国。他制定和完善宗法、分封等各种制度,使西周奴隶制得到进一步的巩固。

■ 刻有符号的青铜器

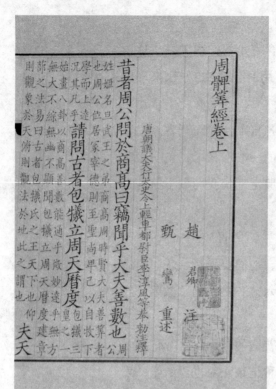

■ 《周髀算经》

耿寿昌 西汉时期天文学家，理财家。汉宣帝时任大司农中丞，在西北设置"常平仓"，用来稳定粮价兼作国家储备粮库。后来被封为关内侯。精通数学，修订《九章算术》，又用铜铸造浑天仪观天象，著有《月行帛图》《日月帛图》《月行图》等，今皆不存。

有了广泛应用，在数学上也有相应的提高。

战国时期，随着铁器的出现，生产力的提高，我国开始了由奴隶制向封建制的过渡。新的生产关系促进了科学技术的发展与进步。此时私学已经开始出现了。

最晚在春秋末期时，人们已经掌握了完备的十进位值制记数法，普遍使用了算筹这种先进的计算工具。

秦汉时期，社会生产力得到恢复和发展，给数学和科学技术的发展带来新的活力，人们提出了若干算术难题，并创造了解勾股形、重差等新的数学方法。

同时，人们注重先秦文化典籍的收集、整理。作为数学新发展及先秦典籍的抢救工作的结晶，便是《九章算术》的成书。它是西汉丞相张苍、天文学家耿寿昌收集秦火遗残，加以整理删补而成的。

《九章算术》是由国家组织力量编纂的一部官方性数学教科书，集先秦至西汉数学知识之大成，是我国古代最重要的数学经典，对两汉时期以及后来数学的发展产生了很大的影响。

■ 古代算筹

《九章算术》成书后，注家蜂起。《汉书·艺文志》所载《许商算术》《杜忠算术》就是研究《九章算术》的作品。东汉时期马续、张衡、刘洪、郑玄、徐岳、王粲等通晓《九章算术》，也为之作注。这些著作的问世，推动了稍后的数学理论体系的建立。

《九章算术》的出现，奠定了我国古代数学的基础，它的框架、形式、风格和特点深刻影响了我国和东方的数学。

阅读链接

周成王时，在周公的主持下，人们对以往的宗法传统习惯进行补充、整理，制定出一套以维护宗法等级制度为中心的行为规范以及相应的典章制度、礼节仪式。周公"制礼作乐"的内容包括礼、乐、射、御、书、数，它们成为贵族子弟教育中6门必修课程。

其中的"数"，包括方田、粟米、差分、少广、商功、均输、方程、盈不足、旁要9个部分，称为"九数"。它是当时学校的数学教材。九数确立了汉代《九章算术》的基本框架。

数学理论体系的建立

　　《九章算术》问世之后，我国的数学著述基本上采取两种方式：一是为《九章算术》作注；二是以《九章算术》为楷模编纂新的著

作。其中刘徽的《九章算术注》被认为是我国古代数学理论体系的开端。

　　祖冲之的数学研究工作在南北朝时期最具代表性，他在刘徽《九章算术注》的基础上，将传统数学大大向前推进了一步，成为重视数学思维和数学推理的典范。我国古典数学理论体系至此建立。

■ 数学家刘徽

一位农妇在河边洗碗。她的邻居闲来无事，就走过来问："你洗这么多碗，家里来了多少客人？"

农妇笑了笑，答道："客人每2位合用一只饭碗，每3位合用一只汤碗，每4位合用一只菜碗，共用65只碗。"然后她又接着问邻居，"你算算看，我家里究竟来了多少位客人？"

这位邻居也很聪明，很快就算了出来。

■《九章算术》

这是《孙子算经》中的一道著名的数学题"河上荡杯"。荡杯在这里是洗碗的意思。

很明显，这里要求解的是65个碗共有多少人的问题。其中能了解客数的信息是2人共饭碗，3人共汤碗，4人共菜碗。通过这几个数值，很自然就能解决客数问题。

《孙子算经》有3卷，常被误认为春秋军事家孙武所著，实际上是魏晋南北朝时期的作品，作者不详。这是一部数学入门读物，通过许多有趣的题目，给出了筹算记数制度及乘除法则等预备知识。

"河上荡杯"，包含了当时人们在数学领域取得的成果。而"鸡兔同笼"这个题目，同样展示了当时的研究成果。

鸡兔同笼的题意是：有若干只鸡兔同在一个笼子

孙武（前454年—前470年），我国春秋时期吴国将领。历史上著名军事家。其著有巨作《孙子兵法》13篇，为后世兵法家所推崇，被誉为"兵学圣典"，置于《武经七书》之首，成为国际间最著名的兵学典范之书。

■ 古代数学著作

清谈 指魏晋时期，承袭东汉时期清议的风气，就一些玄学问题析理问难，反复辩论的文化现象。魏晋名士以清谈为主要方式，针对本和末、有和无、动和静、一和多、体和用、言和意、自然和名教等诸多具有哲学意义的命题进行了深入的讨论。

里，从上面数，有35个头；从下面数，有94只脚。求笼中各有几只鸡和兔？

这道题其实有多种解法。

其中之一：如果先假设它们全是鸡，于是根据鸡兔的总数就可以算出在假设下共有几只脚，把这样得到的脚数与题中给出的脚数相比较，看看差多少，每差2只脚就说明有1只兔，将所差的脚数除以2，就可以算出共有多少只兔。同理，也可以假设全是兔子。

《孙子算经》还有许多有趣的问题，比如"物不知数"等，在民间广为流传，同时，也向人们普及了数学知识。

其实，魏晋时期特殊的历史背景，不仅激发了人们研究数学的兴趣，普及了数学知识，也丰富了当时的理论构建，使我国古代数学理论有了较大的发展。

在当时，思想界开始兴起"清谈"之风，出现了战国时期"百家争鸣"以来所未有过的生动局面。与此相适应，数学家重视理论研究，力图把从先秦到两汉积累起来的数学知识建立在必然的基础之上。

而刘徽和他的《九章算术注》，则是这个时代造就的最伟大的数学家和最杰出的数学著作。

刘徽生活在"清谈"之风兴起而尚未流入清谈的魏晋之交，受思想界"析理"的影响，对《九章算术》中的各种算法进行总结分析，认为数学像一株枝条虽分而同本干的大树，发自一端，形成了一个完整的理论体系。

刘徽的《九章算术注》作于263年，原10卷。前9卷全面论证了《九章算术》的公式、解法，发展了出入相补原理、截面积原理、齐同原理和率的概念，首创了求圆周率的正确方法，指出并纠正了《九章算

刘徽（225年—295年），魏晋时数学家，在我国数学史上占有重要地位，他的杰作《九章算术注》和《海岛算经》，方法灵活，既提倡推理又主张直观。是我国最早明确主张用逻辑推理的方式来论证数学命题的人，给中华民族留下了宝贵的财富。

■《九章算术》

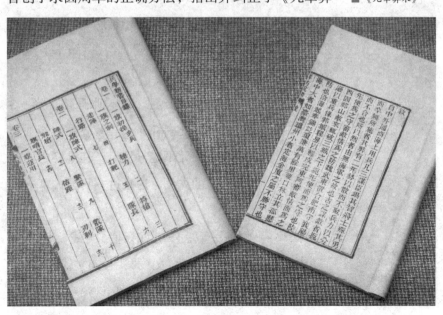

■ 古代科学家祖冲之

术》的某些不精确之处或错误的公式,探索出解决球体积的正确途径,创造了解线性方程组的互乘相消法与方程新术。

用十进分数逼近无理根的近似值等,使用了大量类比、归纳推理及演绎推理,并且以后者为主。

第十卷原名"重差",为刘徽自撰自注,发展完善了重差理论。此卷后来单行,因第一问为测望海岛的高远,故名称《海岛算经》。

我国古典数学理论体系的建立,除了刘徽及其《九章算术注》的不世之功和《孙子算经》的贡献外,魏晋南北朝时期的《张丘建算经》《缀术》也丰富了这一时期的理论创建。

南北朝时期数学家张丘建著的《张丘建算经》3卷,成书于北魏时期。此书补充了等差级数的若干公式,其百鸡问题导致三元不定方程组,其重要之处在于开创"一问多答"的先例,这是过去我国古算书中所没有的。

百鸡问题的大意是公鸡每只值5文钱,母鸡每只值3文钱,而3只小鸡值1文钱。用100文钱买100只鸡,问这100只鸡中,公鸡、母鸡和小鸡各多少只?

这个问题流传很广，解法很多，但从现代数学观点来看，实际上是一个求不定方程整数解的问题。

百鸡问题还有多种表达形式，如"百僧吃百馍"和"百钱买百禽"等。宋代数学家杨辉算书内有类似问题。此外，中古时近东各国也有相仿问题流传，而且与《张丘建算经》的题目几乎全同。可见其对后世的影响。

与上述几位古典数学理论构建者相比，祖冲之则重视数学思维和数学推理，他将传统数学大大向前推进了一步。

祖冲之写的《缀术》一书，被收入著名的《算经十书》中，作为唐代国子监算学课本。

祖冲之将圆周率的真值精确到3.1415926，是当时世界上最先进的成就。他还和儿子祖暅一起，利用"牟合方盖"圆满地解决了球体积的计算问题，得到了正确的球体积公式。

祖冲之还在462年编订《大明历》，使用岁差，改革闰制。他反对谶纬迷信，不虚推古人，用数学方法比较准确地推算出相关的数值，坚持了实事求是的科学精神。

阅读链接

祖冲之的儿子祖暅从小爱好数学，巧思入神，极其精微。专心致志之时，雷霆不能入。

有一次，祖暅边走路边思考数学问题，走着走着，竟然一头撞在了对面过来的仆射徐勉身上。"仆射"是很高的官，徐勉是朝廷要人，倒被这位年轻小伙子碰得够呛，不禁大叫起来。这时祖暅方才醒悟。

祖暅发现了著名的等幂等积定理，又名"祖暅原理"，是指所有等高处横截面积相等的两个同高立体，其体积也必然相等。在当时的世界上处于领先地位。

古典数学发展的高峰

　　唐代是我国封建社会鼎盛时期。朝廷在国子监设算学馆，置算学博士、助教指导学生学习。为宋元时期数学发展高潮拉开了序幕。

　　南宋时期翻刻的数学著作，是目前世界上传世最早的印刷本数学著作。贾宪、李冶、杨辉、朱世杰等人的著作，对传播普及数学知识，意义尤为深远。

■古籍《九章算术》

唐代有个天文学家，名叫李淳风，有一次，他在校对新岁历书时，发现朔日将出现日蚀，这是不吉祥的预兆。

唐太宗听说这个消息很不高兴，说："日蚀如不出现，那时看你如何处置自己？"

李淳风说："如果没有日蚀，我甘愿受死。"

到了朔日，也就是初一那天，皇帝便来到庭院等候看结果，并对李淳风说："我暂且放你回家一趟，好与老婆孩子告别。"

■ 李淳风塑像

李淳风说："现在还不到时候。"说着他便在墙上划了一条标记：等到日光照到这里的时候，日蚀就会出现。

日蚀果然出现了，跟李淳风说的时间丝毫不差。

李淳风不仅对天文颇有研究，他还是个大名鼎鼎的数学家。

唐代国子监算学馆以算取士。656年，李淳风等奉敕为《周髀算经》《九章算术》《海岛算经》《孙子算经》《夏侯阳算经》《缀术》《张丘建算经》《五曹算经》《五经算术》《缉古算经》这10部算经作注，作为算学馆教材。

这就是著名的《算经十书》，该书是我国古代数

李淳风（602年—670年），唐代杰出的天文学家、数学家。他的《推背图》以其预言的准确而著称于世，他是世界上第一个给风定级的人。他为唐代国子监算学馆注的《算经十书》教材，是我国古代数学奠基时期的总结。

学奠基时期的总结。

唐代中期之后，生产关系和社会各方面逐渐产生新的实质性变革。至宋太祖赵匡胤建立宋王朝后，我国封建社会进入了又一个新的阶段，农业、手工业、商业和科学技术得到更大发展。

宋朝秘书省于1084年首次刊刻了《九章算术》等10部算经，是世界上首次出现的印刷本数学著作。后来南宋数学家鲍澣之翻刻了这些刻本，有《九章算术》半部、《周髀算经》《孙子算经》《五曹算经》《张丘建算经》共5种及《数术记遗》等孤本流传至今。

宋元时期数学家贾宪、沈括、秦九韶、杨辉、李冶、朱世杰的著作，大都在成书后不久即刊刻，并借助当时发达的印刷术得以广泛流传。

贾宪是北宋时期数学家，撰有《黄帝九章算术算经细草》，是当时最重要的数学著作。此书因被杨辉《详解九章算术算法》抄录而大部分保存了下来。

贾宪将《九章算术》未离开题设具体对象甚至数值的术文大都抽象成一般性术文，提高了《九章算术》的理论水平。

数学史鉴

数学历史与数学成就

秘书省 官署名。东汉桓帝始置秘书监一官，典司图籍。北宋前期，经籍图书归秘阁，秘书仅掌祭祀祝版。神宗元丰改官制，秘书省职事恢复。宋之日历所、会要所、国史实录院等均归秘书省管辖，规模较唐时大。

贾宪的思想与方法对宋元数学影响极大，是宋元数学的主要推动者之一。

北宋时期大科学家沈括对数学有独到的贡献。在《梦溪笔谈》中首创隙积术，开高阶等差级数求和问题之先河；又提出会圆术，首次提出求弓形弧长的近似公式。

宋元之际半个世纪左右，是我国数学高潮的集中体现时期，也是我国历史上留下重要数学著作最多的时期，并形成了南宋朝廷统治下的长江中下游与金元朝廷统治下的太行山两侧两个数学中心。

南方中心以秦九韶、杨辉为代表，以高次方程数值解法、同余式解法及改进乘除捷算法的研究为主。

秦九韶撰成《数书九章算术》，总共18卷。分大衍、天时、田域、测望、赋役、钱谷、营建、军旅、市易9类81题，其成就之大，题设之复杂，都超过以往算经。

在这些问题中，有的问题有88个条件，有的答案多达180条，军

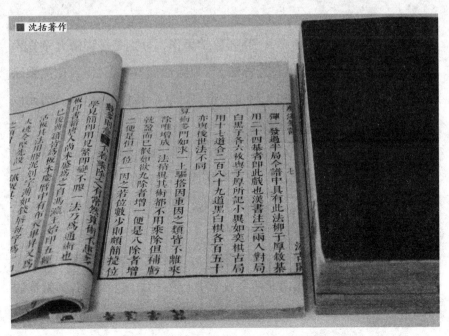

■ 沈括著作

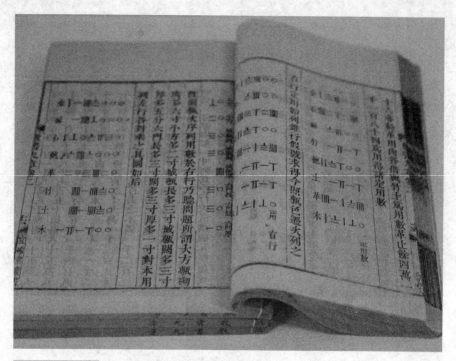

数学史鉴

数学历史与数学成就

■ 秦九韶的数书著作
《九章》

李冶（1192年—
1279年），原名
李治，字仁卿，
自号敬斋。金元
时期的数学家、
文学家、诗人。
他在数学上的主
要贡献是天元
术，用以研究直
角三角形内切圆
和旁切圆的性
质。与杨辉、秦
九韶、朱世杰并
称为"宋元数
学四大家"。

事问题之多也是空前的，这反映了他对抗元战争的关注。

杨辉共撰5部数学著作，分别是《详解九章算术算法》《日用算法》《乘除通变本末》《田亩比类乘除捷法》和《续古摘奇算法》。传世的有4部，居元以前数学家之冠。

宋元之际的北方中心以李冶为代表，以列高次方程的天元术及其解法为主。李冶的《测圆海镜》12卷、《益古演段》3卷，是流传至今的最早的以天元术为主要方法的著作。

元朝统一全国以后，元代数学家、教育家朱世杰，集南北两个数学中心之大成，达到了我国筹算的最高水平。

朱世杰有两部重要著作《算学启蒙》和《四元玉鉴》传世。他曾经以数学家的身份周游全国20余年，向他学习数学的人很多。

此外，杨辉、朱世杰等人对筹算乘除捷算法的改进、总结，导致了珠算盘与珠算术的产生，完成了我国计算工具和计算技术的改革。

元朝中后期，又出现了《丁巨算法》、贾亨《算法全能集》、何平子《详明算法》等改进乘除捷算法的著作。

朱世杰 （1249年—1314年），字汉卿，号松庭，燕山人，元代数学家、教育家，毕生从事数学教育。朱世杰在当时天元术的基础上发展出"四元术"，也就是列出四元高次多项式方程，以及消元求解的方法。此外他还创造出"垛积法"，即高阶等差数列的求和方法，与"招差术"，即高次内插法。主要著作是《算学启蒙》与《四元玉鉴》。

追根溯源

数学历史

阅读链接

据说李淳风能掐会算。

有一次他对皇帝说："7个北斗星要变成人，明天将去西市喝酒。可以派人守候在那里，将他们抓获。"

唐太宗便派人前去守候。果然见有7个婆罗门僧人从金光门进城到西市酒楼饮酒。使臣上前宣读了皇帝旨意，请几位大师到皇宫去一趟。

僧人们互相看了看，然后笑道："一定是李淳风这小子说我们什么了。"

僧人们下楼时，使者在前面带路先下去了，当使者回头看他们时，7个人早已踪影全无。唐太宗闻奏，更加佩服李淳风。

中西方数学的融合

明末清初，西方初等数学开始陆续传入我国，使我国的数学研究出现一个中西融会贯通的局面。鸦片战争以后，西方近代数学开始传入我国，我国数学转入一个以学习西方数学为主的时期。

在西学东渐的过程中，徐光启的《几何原本》、梅文鼎的《梅氏丛书辑要》，以及李善兰等人的译作和著述，促进了中西方数学的融合。

■ 《几何原本》

1604年，徐光启考中进士后，担任翰林院庶吉士，在北京住了下来。在此之前，意大利传教士利玛窦来到我国，在宣武门外置了一处住宅长期留居，进行传教活动。

徐光启在公余之暇，常常去拜访利玛窦，彼此慢慢熟悉了，开始建立起较深的友谊。

利玛窦用古希腊数学家欧几里得的著作《欧几里得原本》做教材，对徐光启讲授西方的数学理论。

经过一段时间的学习，徐光启完全弄懂了《欧几里得原本》这部著作的内容，深深地为它的基本理论和逻辑推理所折服，认为这些正是我国古代数学的不足之处。于是，徐光启建议利玛窦同他合作，一起把它译成中文。

1607年的春天，徐光启和利玛窦译出了这部著作的前6卷。付印之前，徐光启又独自一人将译稿加

■ 徐光启（1562年—1633年），字子先，号玄扈，谥文定。我国明朝末年西学、数学、天文、机械、水利、农学、军事学者，思想家、政治家、军事家。他是近代中西文化交流的先驱之一。

拜 古代拜制沿革复杂。一般说的长跪、弯腰、垂首至地为"拜"。拜时头低垂触地，并略作停留，称为"磕头"。古时常礼为两拜，称为"再拜"。有时为示尊重或诚意，则变常礼为三拜稽首，称为"三拜"。

方中通（1634年—1698年），清代初期著名数学家、天文学家和作家。所著《数度衍》几乎包罗了当时刚传入的所有西算知识以及当时所能见及的中算知识，是一部数学上的百科全书，对于民间数学知识的传习，起了积极的作用。

工、润色了3遍，尽可能把译文改得准确。然后他又同利玛窦一起，共同敲定书名的翻译问题。

这部著作的拉丁文原名叫《欧几里得原本》，如果直译成中文，不大像是一部数学著作。如果按照它的内容，译成《形学原本》，又显得太陈旧了。

利玛窦认为，中文里的"形学"，英文叫做"Geo"，它的原意是希腊的土地测量的意思，他建议最好能在中文的词汇里找个同它发音相似、意思也相近的词。

徐光启查考了10多个词组，都不理想。后来他想起了"几何"一词，觉得它与"Geo"音近意切，建议把书名译成《几何原本》，利玛窦感到很满意。

1607年，《几何原本》前6卷正式出版，马上引起巨大的反响，成了明代末期从事数学工作的人的一部必读书，这对发展我国的近代数学起了很大的作用。

在徐光启翻译的《几何原本》之后，介绍西方三角学的著作有《大测》和《测量全义》等。在传入的数学中，影响最大的是《几何原本》。

《几何原本》是我国第一部数学翻译著作，

■ 利玛窦画像

《几何原本》刻本

其中的许多数学名词如"几何"等为首创,徐光启认为对它"不必疑""不必改","举世无一人不当学"。《几何原本》是明清两代数学家必读的数学书,对我国的数学研究工作颇有影响。

1646年,波兰传教士穆尼阁来华,跟随他学习西方科学的有数学家方中通等人。穆尼阁去世后,方中通等人据其所学,编成《历学会通》,想把中法西法融会贯通起来。

《历学会通》中的数学内容主要有《比例对数表》《比例四线新表》和《三角算法》。

前两书是介绍英国数学家纳皮尔和布里格斯发明增修的对数。后一书除《崇祯历书》介绍的球面三角外,尚有半角公式、半弧公式、德氏比例式、纳氏比例式等。

方中通个人所著的《数度衍》对对数理论进行解释。对数的传入是十分重要的,它在历法计算中立即就得到了应用。

清初学者研究中西数学有心得而著书传世的很多,影响较大的有

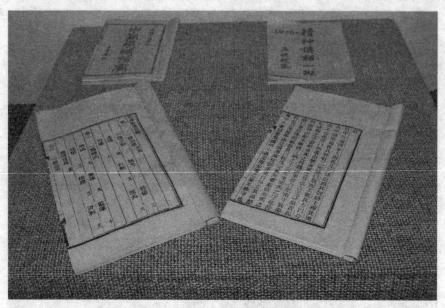

数学史鉴

数学历史与数学成就

■ 近代翻译的西方科学著作

梅文鼎（1633年—1721年），我国清初天文学家、数学家。他专心致力于天文学、数学的研究。他的著述较多。他自撰的《勿庵历算书目》有天文学、数学著作70余种，其中数学著作20余种。《梅氏丛书辑要》60卷，其中数学著作13种共40卷，《弧三角举要》5卷，《勾股举隅》1卷等。清代著名学者钱大昕曾誉他为"国朝算学第一"。

梅文鼎《梅氏丛书辑要》和年希尧《视学》等。

梅文鼎是集中西数学之大成者。他对传统数学中的线性方程组解法、勾股形解法和高次幂求正根方法等方面进行整理和研究，使濒于枯萎的明代数学出现了生机。年希尧的《视学》是我国第一部介绍西方透视学的著作。

清代康熙皇帝十分重视西方科学，他除了亲自学习天文学、数学以外，还培养了一些专业人才，翻译了一些著作。

1712年，多学科科学家明安图、天文历算家陈厚耀等，在康熙皇帝的旨意下编纂天文算法书，完成了《律历渊源》100卷。以康熙"御定"的名义于1723年出版。

其中的《数理精蕴》分上下两编。上编包括《几何原本》《算法原本》，均译自法文著作；下编包括算术、代数、平面几何平面三角、立体几何等初等数学，附有素数表、对数表和三角函数表。

由于《数理精蕴》是一部比较全面的初等数学百科全书，并有康熙"御定"的名义，因此对当时的数学研究有一定影响。

综上所述可以看到，清代初期数学家对西方数学做了大量的会通工作，并取得了许多独创性的成果。

后来，随着《算经十书》与宋元时期数学著作的收集与注释，出现了一个研究传统数学的高潮。其中能突破旧有框框并有发明创造的有焦循、汪莱、李锐、李善兰等。

他们的工作，和宋元时期的代数学比较是青出于蓝而胜于蓝的；和西方代数学比较，在时间上晚了一些，但这些成果是在没有受到西方近代数学的影响下独立得到的。

在传统数学研究出现高潮的同时，阮元与李锐等编写了一部天文数学家传记《畴人传》，收集了从黄帝时期至1799年已故的天文学家和数学家270余人，以及明代末期以来介绍西方天文数学的传教士41人。

■ 我国近代科学的摇篮——北洋大学

戊戌变法 指1898年以康有为为首的改良主义者通过光绪皇帝所进行的资产阶级政治改革。主要内容是：学习西方，提倡科学文化，改革政治、教育制度，发展农工商等。这次运动遭到守旧派的强烈反对，历时仅103天的变法终于失败。因此戊戌变法也叫"百日维新"。

谢洪赉 （1873年—1916年），清末民初知名的中国基督徒翻译家、著述家。谢洪赉是那个时代较少的中国基督教著述家之一，是那个时代少数从事过科学著作翻译的中国人之一。曾参与翻译三角、代数和几何等教科书。

这部著作收集的完全是第一手的原始资料，在学术界颇有影响。

1840年鸦片战争以后，西方近代数学开始传入我国。首先是英国人在上海设立墨海书馆，开始介绍西方数学。

第二次鸦片战争后，清代朝廷开展"洋务运动"，主张介绍和学习西方数学，组织翻译了一批近代数学著作。

其中较重要的有李善兰与英国人伟烈亚力等人翻译的《代数学》和《代微积拾级》；华蘅芳与英国人傅兰雅合译的《代数术》《微积溯源》和《决疑数学》；邹立文与狄考文编译的《形学备旨》《代数备旨》和《笔算数学》；谢洪赉与潘慎文合译的《代形合参》和《八线备旨》等。

在这些译著中，创造了许多数学名词和术语，至今还在应用，但所用数学符号一般已被淘汰了。"戊戌变法"以后，各地兴办新法学校，上述一些著作便成为主要教科书。

阅读链接

在翻译西方数学著作的同时，我国学者也进行了一些研究，写出一些著作，较重要的有李善兰的《尖锥变法解》和《考数根法》；夏弯翔的《洞方术图解》《致曲术》和《致曲图解》等，都是会通中西学术思想的研究成果。

其中李善兰任北京同文馆天文算学总教习，从事数学教育十余年，培养了一大批数学人才，是我国近代数学教育鼻祖。

完整的数学教育模式

我国是世界上最早进行数学教育的国家之一。古代数学教育始终置于朝廷的控制之下，同时带有技术教育的性质。此外，私学也在我国教育史上占有重要的地位。

实用性原则是我国古代数学教育所一贯倡导的。教育的方式是从经验出发，从实际出发，建立原理公式，以期解决实践当中出现的各式各样的具体问题。

■ 孙膑塑像

孙膑艺术雕像

战国初期齐国名将田忌，很喜欢赛马，有一次，他和齐威王约定，要进行一场比赛。

他们商量好，把各自的马分成上、中、下三等。比赛的时候，要上马对上马，中马对中马，下马对下马。

由于齐威王每个等级的马都比田忌的马强得多，所以比赛了几次，田忌都失败了。田忌觉得很扫兴，比赛还没有结束，就垂头丧气地离开赛马场。

这时，田忌抬头一看，人群中有个人，原来是自己的好朋友孙膑。

孙膑招呼田忌过来，拍着他的肩膀说："我刚才看了赛马，威王的马比你的马快不了多少呀！"

孙膑还没有说完，田忌瞪了他一眼："想不到你也来挖苦我！"

孙膑说："我不是挖苦你，我是说你再同他赛一次，我有办法准能让你赢了他。"

田忌疑惑地看着孙膑："你是说另换一匹马来？"

孙膑摇摇头说："连一匹马也不需要更换。"

田忌毫无信心地说："那还不是照样得输！"

孙膑胸有成竹地说："你就按照我的安排办事吧！"

齐威王屡战屡胜，正在得意地夸耀自己马匹的时候，看见田忌陪着孙膑迎面走来，便站起来讥讽地说："怎么，莫非你还不服气？"

田忌说："当然不服气，咱们再赛一次！"说着，"哗啦"一

数学史鉴

数学历史与数学成就

声，把一大堆银钱倒在桌子上，作为他下的赌钱。

齐威王一看，心里暗暗好笑，于是吩咐手下，把前几次赢得的银钱全部抬来，另外又加了1000两黄金，也放在桌子上。

齐威王轻蔑地说："那就开始吧！"

孙膑先以下等马对齐威王的上等马，第一局输了。齐威王大笑着说："想不到赫赫有名的孙膑先生，竟然想出这样拙劣的对策。"

孙膑不去理他。接着进行第二场比赛。孙膑拿上等马对齐威王的中等马，获胜了一局。

齐威王有点心慌意乱了。

第三局比赛，孙膑拿中等马对齐威王的下等马，又战胜了一局。

这下，齐威王目瞪口呆了。

比赛的结果是三局两胜，当然是田忌赢了齐威王。

还是同样的马匹，由于调换一下比赛的出场顺序，就得到转败为胜的结果。

田忌在赛马中之所以获胜，是因为他引入数学策略进行博弈。田忌在探索最佳对策中，研究了竞争双方各自采用什么对策才能战胜对手。结果验证了田忌胜齐威王的方案的唯一性。

我国古代数学教育历史悠久，而"田忌赛马"恰恰体现了当时数学教育在历史发展过程中一贯强调的实用性原则。

事实证明，这一教学原则能够提高人的推理能力和抽象能力，实现思维转换，最终解决实际问题。我国数学教育早

■ 孙膑雕刻

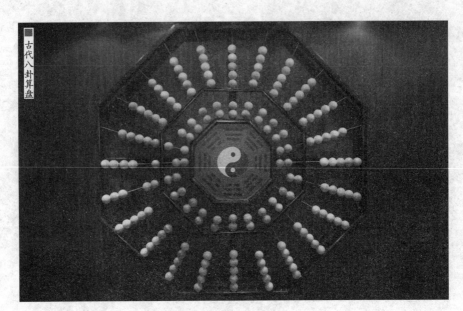

古代八卦算盘

在周代就开始了，据《礼记·内则》记载：

六年教之数与方名……九年教之数日，十年出就外傅，

居宿于外，学书计。

意思是说，6岁的时候，就要教给孩子识数和辨认方向并记住名称……9岁的时候，就教给孩子怎样计算日期，10岁的时候，就要送男孩出外住宿拜师求学，学习写字和记事。

《周礼》中记载的小学教学内容为六艺："礼、乐、射、御、书、数。"其中的"数"指的是九数，即后来的《九章算术》中的一些基本内容。可见周秦时期的数学教育是附在一般的文化教育之中的，内容多半是结合日常生活的数学基础知识。

我国历史上第一个创办私学的孔子也非常重视数学教育。孔子对《周易》进行学习和研究，并加以传授，有着不可磨灭的功劳。

两汉时期，《九章算术》问世，这部世界数学名著总结了我国公元前的全部数学成果，其中许多成就在世界上处于领先地位。

16世纪前的我国数学著作大多遵循了《九章算术》的体例，我国古代的数学教育也一直以它为基本教材之一。

隋统一全国以后，创立了科举制度，建立了全国最高学府国子寺，并在国子寺里设立了明算学。明算学内设算学博士两人，算学助教两人，从事数学教学工作，有学生80人。这在我国数学教育史上具有里程碑意义。至唐代，官办的数学教育有了进一步的发展，在唐朝的最高学府国子监里设有明经、进士、秀才、明法、明书、明算6科。

明算科内设算学博士两人，"掌教文武八品以下

《周易》 我国古代哲学书籍，也称"易经"，简称"易"，因周有周密、周遍、周流等意，被相传为周人所做。是我国传统思想文化中自然哲学与伦理实践的根源，对我国文化产生了巨大的影响。它是华夏五千年智慧与文化的结晶，被誉为"群经之首，大道之源"。

■ 《周易》中的数学知识

建筑上的八卦数字符号

及庶人子为生者"，还有算学助教一人。算学博士的官级很低，只有"从九品下"，而算学助教则没有品级。

唐初由于教学的需要，由科学家李淳风等人奉诏注释并审定了10部算书，作为明算科的教科书，数学史上称作《算经十书》，即《九章算术》《海岛算经》《孙子算经》《五曹算经》《张丘建算经》《周髀算经》《五经算术》《缀术》《缉古算经》及《夏侯阳算经》，还有《数术记遗》和《三等数》供学生兼学。

唐代初期明算科的学制为7年，学生分两组学习，每组15人。第一组学习《九章算术》等8部算经，第二组学习其余两部较难的《缀术》与《缉古算经》。每部算经的学习年限都有具体规定。两组学生都兼学《数术记遗》和《三等数》。

学生学习期满后，要参加考试，明算科的考试也分两组进行，每组各出10道题。第一组除按《九章算术》出3道题外，其他7部算经各出一题，第二组按《缀术》出6题，《缉古算经》出4题。

成绩的评定方法是，每组10道题中"得8以上为上，得6以上为中，得5以下为下"，并规定答对6题算合格。考试合格的人员送交吏部录用，授予九品以下的官级。

　　由上可见，唐代已形成了一套比较完善的数学教育制度。

　　后来随着贸易和文化交流的开展，我国的数学和教育制度传入朝鲜、日本等邻国。因此，朝、日两国的数学深受我国的影响，他们的数学教育制度和教科书原来基本上是采用我国的。

　　宋元时期，官办的数学教育日渐衰落，而民间的数学教育却比较盛行。当时许多有名的数学家，如杨辉、李冶、朱世杰、郭守敬等，或设馆招徒，或隐居深山，或云游四方，传道授业，讲授数学。

　　有的还自订教学计划大纲，如杨辉的"习算纲目"，或自编教材，如朱世杰的《算学启蒙》，推动了数学教育的发展。

　　明代万历年间，耶稣会传教士的到来，对我国的学术思想有所触动。1605年利玛窦辑著《乾坤体义》，被《四库全书》编纂者称为

■ 洛书河图图案

"西学传入中国之始"。

清代朝廷在1860年开始推行"洋务运动"，当时的洋务人士，主要采取"中学为体，西学为用"的态度来面对西学。"甲午战争"以后，大量的西方知识传入我国，影响非常广泛。许多人转译日本人所著的西学书籍来接受西学。

明清时期的"西学东渐"对我国中小学数学教育影响最大的莫过于《几何原本》，该书第一次把欧几里得几何学及其严密的逻辑体系和推理方法引入我国，同时确定了许多我们现在耳熟能详的几何学名词，如点、直线、平面、相似等。

徐光启只翻译了前6卷，后9卷由数学家李善兰与伟烈亚力等人在1857年译出，同时，翻译了《代数术》《代微积拾级》等著作，使符号代数及微积分首次传入中国。

此外，数学家华蘅芳在19世纪60年代以后与英国人傅兰雅合作译了不少著作，介绍了对数表、概率等新的数学概念。清代末期新式学堂中的数学教材多取于两人的著作。

阅读链接

我国古代，富家子弟到了入学年龄，有的要去官办学校读书学习，也有的去私塾学习。孩子入学要讲究礼仪，尤其是进入私学的要行一套拜师礼仪。

首先，要穿戴整齐才能去面见私塾中的先生。见了先生后要跪拜，然后先生会以朱砂在孩子的额头点出一点，称之为"点朱砂"。行礼后起身之时，先生会赠与孩子一支毛笔用来告诫学生勤勉于己，刻苦读书。

毛笔一般是父母先买好转交给先生。最后是以三拜九叩之礼拜孔子，以示对"至圣先师"的尊敬。

数学成就

　　我国为世界四大文明古国之一，在数学发展的历史长河中，创造出许多杰出成就。比如勾股定理的发现和证明、"0"和负数的发明和使用、十进位值制记数法、祖冲之的圆周率推算、方程的四元术等，都是我国古代数学领域的贡献，在世界数学史上占有重要地位。

　　我国古代数学取得的光辉成就，是人类对数学的认识过程中迈出的重要步伐，远远走在世界的前列。扩大了数学的领域，推动了数学的发展，在人类认识和改造世界过程中发挥了重要作用。

发现并证明勾股定理

勾股定理是一个基本几何定理，是人类早期发现并证明的重要数学定理之一，是用代数思想解决几何问题的最重要的工具之一，也是数形结合的纽带之一。勾股定理是余弦定理的一个特例。

世界上几个文明古国如古巴比伦、古埃及都先后研究过这条定理。我国是最早了解勾股定理的国家之一，被称为"商高定理"。

■ 商高画像

成书于公元前1世纪的我国最古老的天文学著作《周髀算经》中，记载了周武王的大臣周公询问皇家数学家商高的话，其中就有勾股定理的内容。

这段话的内容是，周公问："我听说你对数学非常精通，我想请教一下：天没有梯子可以上去，地也没法用尺子去一段一段丈量，那么关于天的高度和地面的一些测量的数据是怎么样得到的呢？"

商高说："数的产生来源于对圆和方这些图形的认识。其中有一条原理：当直角三角形'矩'得到的一条直角边'勾'等于3，另一条直角边'股'等于4的时候，那么，它的斜边'弦'就必定是5。"

这段对话，是我国古籍中"勾三、股四、弦五"的最早记载。

用现在的数学语言来表述就是：在任何一个不等腰的直角三角形中，两条直角边的长度的平方和等于斜边长度的平方。也可以理解成两个长边的平方之差与最短边的平方相等。

基于上述渊源，我国学者一般把此定理叫作"勾股定理"或"商高定理"。

商高没有解答勾股定理的具体内容，不过周公的后人陈子曾经利用他所理解的太阳和大地知识，运用勾股定理测日影，以确定太阳的高度。这是我国古代人民利用勾股定理在科学上进行的实践。

■ 陈子雕像

数学史鉴

数学历史与数学成就

周公的后人陈子也成了一个数学家，他详细地讲述了测量太阳高度的全套方案。这位陈子是当时的数学权威，《周髀算经》这本书，除了最前面一节提到商高以外，剩下的部分说的都是陈子的事。

据《周髀算经》说，陈子等人的确以勾股定理为工具，求得了太阳与镐京之间的距离。为了达到这个目的，他还用了其他一系列的测量方法。

陈子用一只长8尺，直径0.1尺的空心竹筒来观察太阳，让太阳恰好装满竹筒的圆孔，这时候太阳的直径与它到观察者之间距离的比例正好是竹筒直径和长度的比例，即1比80。

经过诸如此类的测量和计算，陈子和他的科研小组测得日下60000里，日高80000里，根据勾股定理，求得斜至日整10万里。

这个答案现在看来当然是错的。但在当时，陈子对他的方案充满信心。他进一步阐述这个方案：

在夏至或者冬至这一天的正午，立一根8尺高的竿来测量日影，根据实测，正南1000里的地方，日影1.5尺，正北1000里的地方，日影1.7尺。这是实测，下面就是推理了。

镐京 位于今西安长安区西北，西周都城，又称"西都""宗周"。周武王即位以后，由丰邑迁都镐京，末年迁都洛邑。西周在丰镐建都历时289年。西安地区在历史上曾先后有西周、秦、西汉、新、隋、唐等6个王朝，因此称西安是"六朝古都"。

越往北去，日影会越来越长，总有一个地方，日影的长会正好是6尺，这样，测竿高8尺，日影长6尺，日影的端点到测竿的端点，正好是10尺，是一个完美的"勾三股四弦五"的直角三角形。

这时候的太阳和地面，正好是这个直角三角形放大若干倍的相似形，而根据刚才实测数据来说，南北移动1000里，日影的长短变化是0.1尺，那由此往南60000里，测得的日影就该是零。

也就是说从这个测点到"日下"，太阳的正下方，正好是60000里，于是推得日高80000里，斜至日整10万里。

接下来，陈子又讲天有多高地有多大，太阳一天行几度，在他那儿都有答案。

陈子根本没有想到这一切都是错的。他要是知道他脚下大得没边的大地，只不过是一个小小的寰球，体积是太阳的一百三十万分之一，就像飘在空中的一粒尘土，真不知道他会是什么表情。

书的最后陈子说：一年有365天4分日之一，有12月19分月之7，一月有29天940分日之499。这个认识，有零有整，而且基本上是对的。

■ 日晷

赵君卿 三国时期数学家。他的主要贡献是约在222年深入研究了《周髀算经》，为该书写了序言，并作了详细注释。其中一段530余字的"勾股圆方图"注文是数学史上极有价值的文献。它记述了勾股定理的理论证明。

现在大家都知道一年有365天，好像不算是什么学问，但在那个时代，陈子的学问不是那么简单的，虽然他不是全对。

勾股定理的应用，在我国战国时期另一部古籍《路史后记十二注》中也有记载：大禹为了治理洪水，使不决流江河，根据地势高低，决定水流走向，因势利导，使洪水注入海中，不再有大水漫溢的灾害，也是应用勾股定理的结果。

勾股定理在几何学中的应用非常广泛，较早的案例有《九章算术》中的一题：有一个正方形的池塘，池塘的边长为1丈，有一棵芦苇生长在池塘的正中央，并且芦苇高出水面部分有1尺，如果把芦苇拉向岸边则恰好碰到岸沿，问水深和芦苇的高度各多少？

这是一道很古老的问题，《九章算术》给出的答案是"12尺""13尺"。这是用勾股定理算出的结果。

汉代的数学家赵君卿，在注《周髀算经》时，附了一个图来证明"商高定理"。这个证明是400多种"商高定理"的证明中最简单和最巧妙的。外国人用同样的方法来证明的，最早是印度数学家巴斯卡拉·阿查雅，那是1150年的时候，可是比赵君卿还晚了1000年。

■ 赵君卿画像

东汉初年，根据西汉和西汉时期以前数学知识积累而编纂的一部数学著作《九章算术》里面，有一章就是讲"商高定理"在生产事业上的应用。

大禹塑像

直至清代才有华蘅芳、李锐、项名达、梅文鼎等创立了这个定理的几种巧妙的证明。

勾股定理是人们认识宇宙中形的规律的起点，在东西方文明起源过程中，有着很多动人的故事。

我国古代数学著作《九章算术》的第九章即为勾股术，并且整体上呈现出明确的算法和应用性特点，表明已懂得利用一些特殊的直角三角形来切割方形的石块，从事建筑庙宇、城墙等。

这与欧几里得《几何原本》第一章的毕达哥拉斯定理及其显现出来的推理和纯理性特点恰好形成熠熠生辉的对比，令人感慨。

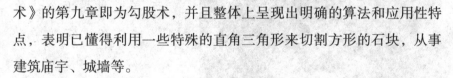

阅读链接

"商高定理"在外国称为"毕达哥拉斯定理"。为什么一个定理有这么多名称呢？

毕达哥拉斯是古希腊数学家，他是公元前5世纪的人，比商高晚出生500多年。希腊另一位数学家欧几里得在编著《几何原本》时，认为这个定理是毕拉哥拉斯最早发现的，所以他就把这个定理称为"毕拉哥拉斯定理"，以后就流传开了。

事实上，说勾股定理是毕达哥拉斯所发现的是不大确切的。因为在这之前，古埃及、古巴比伦和我国都已经出现了这方面的理论与实践。

发明使用0和负数

■ 舜帝铜像

我国是世界上公认的"0"的故乡。在数学史上，"0"的发明和使用是费了一番周折的。我国发明和使用"0"，对世界科学做出了巨大的贡献。

在商业活动和实际的生产生活当中，由于"0"不能正确表示出商人付出的钱数和盈利得来的钱数，因而又出现了负数。从古至今，负数在日常生活中有非常重要的作用。

旧时学馆灵星门

在我国的数字文化中，某一数字的含义或隐意，往往与它的谐音字有关。在长期使用"0"的过程中，人们同样赋予"0"许多文化内涵。

"0"的象形为封闭的圆圈，在我国古代哲学中，它象征周而复始的循环、空白、起始点或空无。

在自然序列数字中，"0"表示现在，负数表示过去，正数表示将来。在一个正整数的后面加一个"0"，便增加10倍；用"0"乘任何一个数其结果都为"0"；用"0"去除任何一个数其结果就变得不可思议。

零含有萧杀之意。传说古代的舜帝便死于零陵；古代家人散失，要写寻人帖并悬于竿上，随风摇曳，故名"零丁"；秋风肃杀，草坠曰零，叶坠为落，合称为"零落"，又指人事之衰谢、亲友之逝去。

舜帝 我国古代传说中的人物，五帝之一。名重华；生于姚墟，故姚姓，冀州人，都城在蒲阪，即现在的山西永济。舜为四部落联盟首领，以受尧的"禅让"而称帝于天下，其国号为"有虞"。帝舜、大舜、虞帝舜、舜帝皆虞舜之帝王号，后世简称"舜"。

后稷 周的始祖名弃，出生于稷山，即现在的山西运城稷山县。母为帝喾高辛氏元妃有邰女姜嫄，出生于古邰城，即陕西武功县西南。曾经被尧举为"农师"，被舜命为后稷。后稷儿时好种树麻、菽，成人后，好耕农，相地之宜，善种谷物稼穑，民皆效法。

零的发音也与灵相同，选择"0"来表示零，可能含有神灵的神秘意义。零星又称作"灵星"，即"天田星"，或龙星座的"左角之小星"，主管谷物之丰歉，是后稷在天上的代表。我国汉代时曾设有灵星祠。

我国是世界上最早发明和使用"0"的国家。从"0"开始，深入到数字王国，其中充满着古人的智慧，值得一说的事情无穷无尽。

其实，"0"的产生经历了一个漫长的过程。远古时候，人们靠打猎为生，由于当时计数很困难，打回来的猎物没有一个明确的数表示，常常引出许多的麻烦。

在这种情况下，人们迫切需要"0"这个数字的问世。但是，当时却没有发现能代表"什么也没有"的空位符号。

■《诗经》中的数学内容

到了我国最早的诗歌总集《诗经》成书时，其中就有"0"的记载。《诗经》大约成书于西周时期，在当时的语义里，"0"原本指"暴风雨末了的小雨滴"，它被借用为整数的余数，即常说的零头，有整有零、零星、零碎的意思。

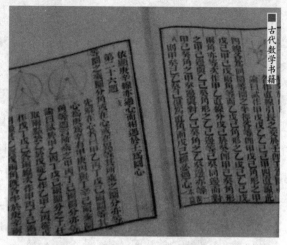
古代数学书籍

据考证，"0"这个符号表示"没有"和应用到社会中，是从我国古书中缺字用"□"符号代替演变而来。至今，人们在整理出版一些文献资料档案中遇到缺字时，仍用"□"这个符号代替，表示空缺的意思。

我国古代的历书中，用"起初"和"开端"来表示"加"。古书里缺字用"□"来表示，数学上记录"0"时也用"□"来表示。

这种记录方式，一方面为了把两者区别开来，更重要的是，由于我国古代用毛笔书写。用毛笔写"0"比写"□"要方便得多，所以0逐渐变成按逆时针方向画的圆圈"○"，"0"也就这样诞生了。

至魏晋时期数学家刘徽注《九章算术》时，已经把"0"作为一个数字，含有初始、端点、本源的意思。有了"0"这个表示空位的符号后，数学计数就变得方便、简捷了。

我国古代筹算亦有"凡算之法，先识其位"的说法，以空位表示"0"；后来的珠算空档也表示"0"，被称为金元数字，以示珍重。

另外，据说"0"是印度人首先发明的。最初，印度人在使用十进位值制记数法时，是用空格来表示空位的，后来又以小点来表示，最

银质算筹

后才用扁圆 "0" 来表示。

事实上，直至16世纪时，欧洲才逐渐采用按逆时针方向画 "0"。因此，国际友人称誉我国是 "0" 的故乡。

阿拉伯数字从西方传入我国的时候，大约是在宋元时期，我国的 "0" 已经使用2000年左右的时间了。可见我国是世界上最早发明和使用 "0" 的国家。

我国发明和使用 "0"，对世界科学做出了巨大的贡献。"0" 自从一出现就具有非常旺盛的生命力，现在，它广泛应用于社会的各个领域。

在数学里，小于 "0" 的数称为 "负数"。在古代商业活动和实际的生活当中，"0" 仍不能正确表示出商人付出的钱数和盈利得来的钱数，因而又出现了负数。

我国古代劳动人民早在公元前2世纪就认识到了负数的存在。人们在筹算板上进行算术运算的时候，一般用黑筹表示负数，红筹表示正数。或者是以斜列来表示负数，正列表示正数。

此外，还有一种表示正负数的方法是用平面的三角形表示正数，矩形表示负数。

据考古学家考证，在《九章算术》的《方程》篇中，就提出了负数的概念，并写出了负数加减法的运算法则。此外，我国古代的许多数学著作甚至历法都提到了负数和负数的运算法则。

南宋时期的秦九韶在《数术九章算术》一书中记载有关于作为高

次方程常数项的结果"时常为负"。

杨辉在《详解九章算术算法》一书中，把"益""从""除"和"消"分别改为了"加"与"减"，这更加明确了正负与加减的关系。

元代数学家朱世杰在《算学启蒙》一书中，第一次将"正负术"列入了全书的《总括》之中，这说明，那时的人们已经把正负数作为一个专门的数学研究科目。

在这本书中，朱世杰还写出了正负数的乘法法则，这是人们对正负数研究迈出的新的一步。

我国对正负数的认识不但比欧洲人早，而且也比古印度人早。印度开始运用负数的年代比我国晚700多年，直至630年，印度古代著名的大数学家婆罗摩笈多才开始使用负数，他用小点或圆圈来表示负号。而在欧洲，人们认识负数的年代大约比我国晚了1000多年。

负数概念的提出，以及和它相应建立的加减乘除法则，是中华民族对数学研究所做出的又一项巨大贡献。

阅读链接

阿拉伯数字传入我国，大约在宋元时期。当时蒙古帝国的势力远及欧洲，元统一全国后，和欧洲交往频繁，阿拉伯数字便通过西域通道传入我国。

我国古代有一种数字叫"筹码"，写起来比较方便，所以阿拉伯数字当时在我国没有得到及时的推广运用。过了六七百年，直至20世纪初清代朝廷推行新政，国人才开始比较普遍地使用阿拉伯数字，并逐渐成为人们学习、生活和交往中最常用的数字。

内容丰富的图形知识

数学历史与数学成就

我国农业和手工业发展得相当早而且成熟。先进的农业和手工业带来了先进的技术，其中不少包含着图形知识。包括测绘工具的制造和使用，图形概念的表现形式，土地等平面面积和粮仓等立体体积的计算等。

我国古代数学中的几何知识具有一种内在逻辑，就是以实用材料组织知识体系和以图形的计算为知识的中心内容。

规、矩等早期的测量工具的发明，对推动我国测量技术的发展有直接的影响。

■ 类似数学图形的甲骨

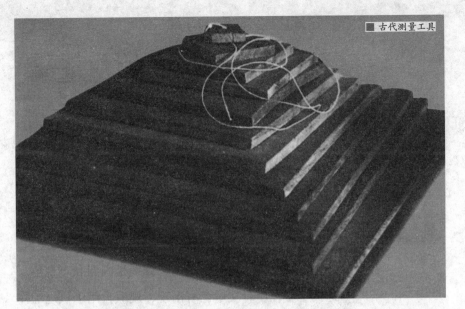

　　大禹在治水时，陆行乘车，水行乘舟，泥行乘橇，山行穿着钉子鞋，经风沐雨，非常辛苦。他左手捏着准绳，右手拿着规矩，黄河、长江到处跑，四处调研。

　　大禹为了治水，走在树梢下，帽子被树枝刮走了，他也不回头看；鞋子跑丢了，也不回去拣。其实他不是不知道鞋子丢了，他是不肯花时间去捡。

　　正如一句鞭策人心的名言：大禹不喜欢一尺长的玉璧，却珍惜一寸长的光阴。

　　大禹手里拿的"准""绳""规""矩"，就是我国古代的作图工具。

　　原始作图肯定是徒手的。随着对图形要求的提高，特别是对图形规范化要求的提出，如线要直、弧要圆等，作图工具的创制也就成为必然的了。

　　"准"的样式有些像现在的丁字尺，从字义上分析，它的作用大概是与绳结合在一起，用于确定大范围内的线的平直。

■ 古代测量工具

甲骨文 又称
"契文""甲骨卜
辞""龟甲兽骨
文",主要指商
朝晚期王室用于
占卜记事而在龟
甲或兽骨上契刻
的文字。是我国
已知最早的成体
系的文字形式。
甲骨文的发现,
促进了各国学者
对上古史和古文
字学等领域的深
入研究。

"规"和"矩"的作用,分别是画图和定直角。这两个字在甲骨文中已有出现,规取自用手执规的样子,矩取自它的实际形状。矩的形状后来有些变化,由含两个直角变成只含一个直角。

规、矩、准、绳的发明,有一个在实践中逐步形成和完善的过程。这些作图工具的产生,有力地推动了与此相关的生产的发展,也极大地充实和发展了人们的图形观念和几何知识。

战国时期已经出现了很好的技术平面图。在一些漆器上所画的船只、兵器、建筑等图形,其画法符合正投影原理。在河北省出土的战国时中山国古墓中的一块铜片上有一幅建筑平面图,表现出很高的制图技巧和几何水平。

规、矩等早期的测量工具的发明,对推动我国测量技术的发展有直接的影响。

秦汉时期,测量工具渐趋专门和精细。为量长度,发明了丈杆和测绳,前者用于测量短距离,后者则用于测量长距离。还有用竹篾制成的软尺，全长和卷尺相仿。矩也从无刻度的发展成有刻度的直角尺。

另外，还发明了水准仪、水准尺以及定方向的罗盘。测量的方法自然也更趋高明，不仅能测量可以到达的目标，还可以测量不可到达的目标。

秦汉以后测量方法的高明带来了测量后计算的高超，从而丰富了我国数学的内容。

据成书于公元前1世纪的《周髀算经》记载，西周开国时期周公与商高讨论用矩测量的方法，其中商高所说的用矩之道，包括了丰富的数学内容。

商高说："平矩以正绳，偃矩以望高，复矩以测深，卧矩以知远……" 商高说的大意是将曲尺置于不同的位置可以测目标物的高度、深度与广度。

商高所说用矩之道，实际就是现在所谓的勾股测量。勾股测量涉及勾股定理，因此，《周髀算经》中特别举出了勾三、股四、弦五的例子。

秦汉时期以后，有人专门著书立说，详细讨论利用直角三角形的相似原理进行测量的方法。这些著作较著名的有《周髀算经》《九章算术》《海岛算经》《数术记遗》《数书九章算术》《四元玉鉴》等，它们组成了我国古代数学独特的测

中山国 前身为北方狄族鲜虞部落，姬姓。国土在燕赵之间。经历了戎狄、鲜虞和中山3个发展阶段，在每个阶段都被中原诸国视为华夏的心腹大患。后被魏乐羊、吴起统帅军队，经过3年苦战后彻底击溃。

■ 《周髀算经》

■ 岩画上的图形符号

量理论。

幻术 一种精神攻击的方法，通过自身强大的精神意念，和一些看来是不经意但却隐秘的动作、声音、图片、药物或物件使对方陷入精神恍惚的状态而在意识中产生各种各样的幻觉。我国古代最高级别的幻术，企图有助于人达到避免凶煞。

图形的观念是在人们接触自然和改造自然的实践中形成的。人类早期是通过直接观察自然，效仿自然来获得图形知识的。

这里所谓的自然，不是作一般解释的自然，而是按照对人类最迫切需要，以食物为主而言的自然。人们从这方面获得有关动物习性和植物性质的知识，并由祈求转而形成崇拜。

几乎所有的崇拜方式都表现了原始艺术的特征，如兽舞戏和壁画。可以相信，我们确实依靠原始生活中的生物学因素，才有了用图表意的一些技术。这不但是视觉艺术的源泉，而且也是图形符号、数学和书契的源泉。

随着生活和生产实践的不断深入，图形的观念由于两个主要的原因得到加强和发展。

一是出现了利用图形来表达人们思想感情的专职人员。从旧石器时代末期的葬礼和壁画的证据来看，好像那时已经很讲究幻术，并把图形作为表现幻术内容的一部分。

幻术需要由专职人员施行，他们不仅主持重大的典礼，而且充当画师，这样，通过画师的工作，图形的样式逐渐地由原来直接写真转变为简化了的偶像和符号，有了抽象的意义。

二是生产实践所起的决定性影响。图形几何化的实践基础之一是编织。据考证，编篮的方法在旧石器时代确已被掌握，对它的套用还出现了粗织法。

编织既是技术又是艺术，因此除了一般的技术性规律需要掌握外，还有艺术上的美感需要探索，而这两者都必须先经实践，然后经思考才能实现。这就为几何学和算术奠定了基础。

因为织出的花样的种种形式和所含的经纬线数目，本质上，都属于数学性质，因而引起了古人对于形和数之间一些关系的更深的

■ 编织艺术中的几何图形

■ 带有几何图形的器皿

陶器 用黏土烧制的器皿。质地比瓷器粗糙，通常呈黄褐色，也有涂上别的颜色或彩色花纹的。新石器时代开始大量出现。陶器的出现是人类在同自然界斗争中的一项划时代的发明创造，是人类第一次利用天然物，按照人类自己的意志创造出来的一种崭新的东西。

认识。

当然，图形几何化的原因不仅在于编织，轮子的使用、砖房的建造、土地的丈量，都直接加深和扩大了古人对几何图形的认识，成为激起古人建立几何观念的基本课题。

如果说，上述这些生产实践活动使人们产生并深化了图形观念，那么，陶器花纹的绘制则是人们表观这种观念的场合。在各种花纹，特别是几何花纹的绘制中，人们再次发展了空间关系，这就是图形间相互的位置关系和大小关系。

考古工作者的考古发现证实，早在新石器时期，我国古人已经有了明显的几何图形的观念。在西安半坡遗址构形及出土的陶器上，已出现了斜线、圆、方、三角形、等分正方形等几何图形。

在所画的三角形中，又有直角的、等腰的和等边的不同形状。

稍晚期的陶器，更表现出一种发展了的图形观念，如江苏省邳县出土的陶壶上已出现了各种对称图形；磁县下潘汪遗址出土的陶盆的沿口花纹上，出现了等分圆周的花牙。

自然界几乎没有正规的几何形状，然而人们通过编织、制陶等实践活动，造出了或多或少形状正规的物体。这些不断出现且世代相传的制品提供了把它们互相比较的机会，让人们最终找出其中的共同之处，形成抽象意义下的几何图形。

今天我们所具有的各种几何图形的概念，也首先决定于我们看到了人们做出来的具有这些形状的物体，并且我们自己知道怎样来做出它们。其实这也是实践出真知的例证。

我国古代也对角有了一定的认识并能加以应用。据战国时期成书的《周礼·考工记》记载，那时人们在制造农具、车辆、兵器、乐器

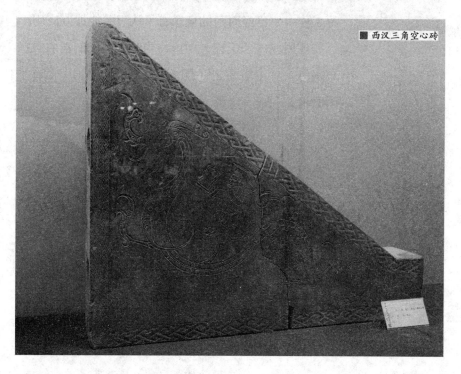

■ 西汉三角空心砖

■ 《周礼·考工记》

鲁宣公　春秋诸侯国鲁国君主之一，是鲁国第20任君主。前608年至前591年在位。他为鲁文公儿子，承袭鲁文公担任该国君主，在位18年。在位期间执政者为季孙行父、仲孙蔑、叔孙侨如。

等工作中，已经对角的概念有了认识并能加以应用。

《周礼·考工记》中说，当时的工匠制造农具、车辆等，"半矩谓之宣，一宣有半谓之欘，一欘有半谓之柯，一柯有半谓之磬折。"

其中，"矩"指直角，即90度。由此推算，"一宣"是45度，一欘是67.5度，一"柯"是101度15分，而一"磬折"该是151度52.5分。

不过这不是十分确切的。因为就在同一本书中，"磬折"的大小也有被说成是"一矩有半"，这样它就该是135度了。

各种角的专用名称的出现，既表现了在手工业技术中对角的认识和应用，也反映了我国古代对角的数学意义的重视。它使我国古代数学以另一种方式来解决实践中所出现的问题。

至于面积和体积计算知识的获得，与古代税收制度的建立和度量衡制度的完善有直接关系。

先秦重要典籍《春秋》记载鲁宣公时实行"初税亩"，开始按亩收税，"产十抽一"。《管子》也记载齐桓公时"案田而税"。这些税收制度的实施，首先要弄清楚土地面积，把土地丈量清楚，然后按照亩数的比例来征税。

这说明春秋战国时期我国已经有丈量土地和计算面积与体积的方法。

先秦时期面积和体积的计算方法，后来集中出现在西汉时期的《九章算术》一书中，成为了数学知识的重要内容之一。

另外，从考古工作者在居延汉简中发现的相关记载，也可以得到证明。这些成就在数学知识早期积累的时候已经逐步形成，并成为后来的面积和体积理论的基础。

齐桓公 （前716年—前643年），春秋时齐国国君。在位时任用管仲改革，选贤任能，加强武备，发展生产，国力强盛。联合中原各国攻楚之盟国蔡，与楚在召陵会盟。又安定周朝王室内乱，多次会盟诸侯，成为中原霸主。

《管子》记述我国春秋时期齐国政治家、思想家管仲及管仲学派的言行事迹。大约成书于战国至秦汉时期。刘向编定《管子》时共86篇，今本实存76篇，其余10篇仅存目录。

阅读链接

传说，大禹身高1丈，脚长1尺，这两个度量单位方便了他的治水工作，他可以"方便"地测量土地山川，这也是"丈夫"一词的来历。

由于忙于丈量山川，太过劳累，而且腿经常浸在泥里，大禹的膝盖严重风湿变形，走路一颠一颠，好像在跳舞一样。后代的道士模仿这个细碎而急促的步子，称作"禹步"，是道士在祷神仪礼中常用的一种步法动作。我国西南少数民族法师的禹步，俗称为"踩九州"，似乎更接近大禹治理洪水后划定九州的本意。

独创十进位值制记数法

■ 伏羲塑像

我国古代数学以计算为主,取得了十分辉煌的成就。其中十进位值制记数法在数学发展中所起的作用和显示出来的优越性,在世界数学史上也是值得称道的。

十进位值制记数法是我国古代劳动人民一项非常出色的创造。十进位值制记数法给计算带来了很大的便利,对数学的发展影响深远。十进位值制记数法曾经被马克思称为"人类最美妙的发明之一"。

从前，华夏族的人们对天上会生云彩、下雨下雪、打雷打闪，地上会刮大风、起大雾，不知道是咋回事。部落首领伏羲总想把这些事情弄清楚。

有一天，伏羲在蔡河捕鱼，逮住一只白龟。他想：世上白龟少见，当年天塌地陷，白龟老祖救了俺兄妹，后来就再也见不到了。莫非这只白龟是白龟老祖的子孙？嗯，我得把它养起来。

他挖个坑，灌进水，把白龟放在里边，抓些小鱼虾放在坑里，给白龟吃。

■ 石雕八卦图

说来也怪，白龟养在那儿，坑里的水格外清。伏羲每次去喂它，它都会凫到伏羲前，趴在坑边不动。

伏羲没事儿就坐在坑沿儿，看着白龟，想世上的难题。看着看着，他见白龟盖上有花纹，就折一根草秆儿，在地上照着白龟盖上的花纹画。

画着想着，想着画着，画了九九八十一天，画出了名堂。他把自己的所感所悟用两个符号"——"和"— —"描述了下来，前者代表一阳，后者代表一阴。阴阳来回搭配，一阳二阴，一阴二阳，三阳三阴，画来画去，画成了八卦图。

伏羲八卦中的二进制思想，被后来的德国数学家莱布尼茨所利用，于1694年设计出了机械计算机。现在，二进制已成为电子计算机的基础。

华夏族 也称"夏""诸夏"，是古代居住于中原地区的汉民族的自称，从汉代起称"汉族"。相传在大约5000年前，黄河流域中下游一带的华山与夏水之间分布着许多部落，比较重要的有炎帝部落、黄帝部落等。炎、黄两部落融合成的"华夏民族"，即为"炎黄子孙"。

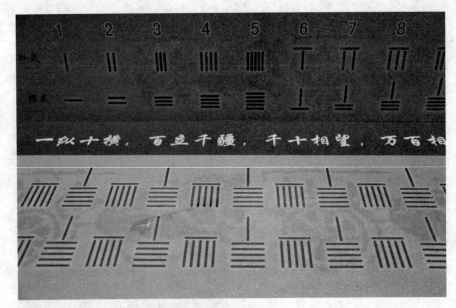

■ 古代算法图表

二进制 计算技术中广泛采用的一种记数制。二进制数据是用0和1两个数码来表示的数。它的基数为2，进位规则是"逢二进一"，借位规则是"借一当二"，由18世纪德国数理哲学大师莱布尼茨发现。目前的计算机系统使用的基本上是二进制系统。

不仅伏羲八卦中蕴含了二进制思想，而且我国是世界上第一个既采用十进制，又使用二进制的国家。

二进制与十进制的区别在于数码的个数和进位规律。二进制的记数规律为逢二进一，是以2为基数的记数体制。在十进制中我们通常所说的10，在二进制中就是等价于2的数值。

十进，就是以10为基数，逢十进一位。位值这个数学概念的要点，在于使同一数字符号因其位置不同而具有不同的数值。

我国自有文字记载开始，记数法就遵循十进制了。商代的甲骨文和西周的钟鼎文，都是用一、二、三、四、五、六、七、八、九、十、百、千、万等字的合文来记10万以内的自然数。这种记数法，已经含有明显的位值制意义。

甲骨卜辞中还有奇数、偶数和倍数的概念。

考古学家考证，在公元前3世纪的春秋战国时期，我国古人就已经会熟练地使用十进位制的算筹记数法，这个记数法与现在世界上通用的十进制笔算记数法基本相同。

史实说明：我国是世界上最早发明并使用十进制的国家。我国运用十进制的历史，比世界上第二个发明十进制的国家古代印度，起码早约1000年。

十进位值制记数法包括十进位和位值制两条原则，"十进"即满十进一；"位值"则是同一个数在不同的位置上所表示的数值也就不同。所有的数字都用10个基本的符号表示，满十进一。

同时，同一个符号在不同位置上所表示的数值不同，符号的位置非常重要。

如三位数"111"，右边的"1"在个位上表示1个一，中间的"1"在十位上就表示1个十，左边的"1"在百位上则表示1个百。这样，就使极为困难的

■ 秦代度量衡

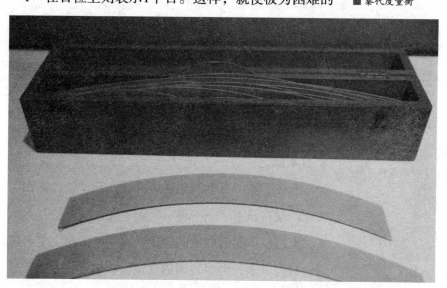

■ 古代量器

朝廷 封建社会制
度下，被王国、
诸侯国拥戴为共
主，共主建立的
政府机构的总
称。在这种统治
制度下，共主通
常被称为皇帝。
也指帝王接见大
臣和处理政务的
地方。

整数表示和演算变得更加简便易行。

十进位值制记数法具有广泛的用处。在计算数学方面，商周时期已经有了四则运算，到了春秋战国时期整数和分数的四则运算已相当完备。

其中，出现于春秋时期的正整数乘法歌诀《九九歌》，堪称是先进的十进位记数法与简明的我国语言文字相结合之结晶，这是任何其他记数法和语言文字所无法产生的。

从此，《九九歌》成为数学的普及和发展最基本的基础之一，一直延续至今。其变化只是古代的《九九歌》从"九九八十一"开始，到"二二得四"为止，现在是由"一一得一"到"九九八十一"。

十进位值制记数法的应用在度量衡发明上也有体现。自古以来，世界各国的度量衡单位进位制就十分繁杂。那时，各个国家甚至各个城市之间的单位不仅不统一，而且连进位制也不一样，制度非常混乱，很少有国家使用十进制，大都为十二进制或十六进制。

其实，在秦统一全国以前，度量衡制度也很不统一，当时的各诸侯国就有四、六、八、十等进位制。

秦始皇统一中国后，发布了关于统一度量衡制度的法令。到西汉末年，朝廷又制定了全国通用的新标准，除"衡"的单位以外，全国已经基本上开始使用十进位制。

唐代，衡的单位根据称量金银的需要，增加了"钱"这个单位。当时的1"钱"，为现在的十分之一"两"，并用"分""厘""毫""丝""忽"，作为"钱"以下的十进制单位。

后来，唐朝廷又废除当时使用的在"斤"以上的"钧""石"两个单位，增加了"担"这个单位，作为"100斤"的简称。但"斤"和"两"这两个单位在当时却不是十进位制，而是十六进位制，并延续用了比较长的时间。

■ 秦朝度量衡

十进位值制记数法给计算带来了很大的便利，对我国古代计算技术的高度发展产生了重大影响。它比世界上其他一些文明发生较早的地区，如古巴比伦、古埃及和古希腊所用的计算方法要优越得多。

十进位值制记数法的产生缘于人们对自然数认识的扩大和实际需要，体现了数学发展与人类思维发展、人类生活需要之间的因果关系，揭示了数学作为一门思维科学的本质特征。

马克思在他的《数学手稿》一书中称颂十进位值制记数法是"人类最美妙的发明之一"，正是对这一数学方法内在的特点及在数学王国中地位的精当概括。而我国先民正是这一"最美妙发明"的最早发明人。

著名的英国科学史学家李约瑟教授曾对我国商代记数法予以很高的评价："如果没有这种十进制，就几乎不可能出现我们现在这个统一化的世界了"，李约瑟说，"总的说来，商代的数字系统比同一时代的古巴比伦和古埃及更为先进更为科学。"

阅读链接

1694年，德国数学家莱布尼茨想改进机械计算机。

一天，欧洲的传教士把我国的八卦介绍给他，他如获至宝研究起来。

八卦中只有阴和阳这两种符号，却能组成8种不同的卦象，进一步又能演变成64卦。这使他灵机一动：用"0"和"1"分别代替八卦中的阴和阳，用阿拉伯数字把八卦表示出来。在这个思路的指引下，他终于发现正好可以用二进制来表示从0至7的8个数字。

莱布尼茨在八卦的基础上发明了二进制，最终设计出了新的机械计算机。

数学史上著名的"割圆术"

我国在先秦产生了无穷小分割的若干命题。随着人们认识水平的逐步提高，至南北朝时期，无穷小分割思想已经基本成熟，并被数学家刘徽运用到数学证明中。

我国古代的无穷小分割思想不仅是我国古典数学成就之一，而且包含着深刻的哲学道理，在人们发现、分析和解决实际问题的过程中，发挥了积极作用。

刘徽在人类历史上首次将无穷小分割引入数学证明，是古代无穷小分割思想在数学中最精彩的体现。

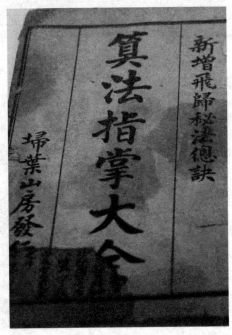

■ 古代数学书籍《算法指掌大全》

河伯 我国古代神话中的黄河水神，是尊贵的地祇，商周以来一直列入祀典的主要对象。《庄子·秋水》开篇以寓言的方式讲述了河伯和北海若之间的一段故事，警示世人不要盲目自满，其中也包含了我国古代的一些数学知识。

相传很久以前，黄河里有一位河神，人们叫他河伯。河伯站在黄河岸上。望着滚滚的浪涛由西而来，又奔腾跳跃向东流去，兴奋地说："黄河真大呀，世上没有哪条河能和它相比。我就是最大的水神啊！"

有人告诉他："你的话不对，在黄河的东面有个地方叫渤海，那才真叫大呢！"

河伯说："我就不信，渤海再大，它能大得过黄河吗？"

那人说："别说一条黄河，就是几条黄河的水流进渤海，也装不满它。"

河伯固执地说："我没见过渤海，我不信。"

那人无可奈何，告诉他："有机会你去看看渤海，就明白我的话了。"

秋天到了，连日的暴雨使大大小小的河流都注入黄河，黄河的河面更加宽阔了，隔河望去，对岸的牛马都分不清。

这一下，河伯更得意了，以为天下最壮观的景色都在自己这里，他在自得之余，想起了有人跟他提起

■ 河伯出行画砖

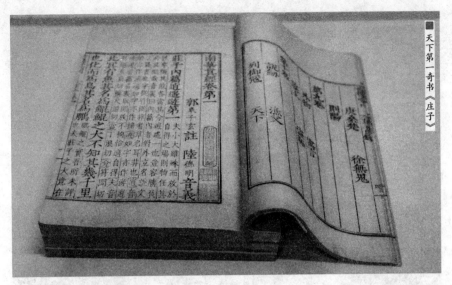

的渤海，于是决定去那里看看。

河伯顺着流水往东走，到了渤海，脸朝东望去，看不到水边。只见大海烟波浩渺，直接天际，不由得内心受到极大震撼。

河伯早已收起了欣喜的脸色，望着海洋，对渤海神叹息道："如今我看见您的广阔无边，我如果不是来到您的家门前，那就危险了，因为我将永远被明白大道理的人所讥笑。"

渤海神闻听河伯这样说，知道他提高了认识，就打算解答他的一些疑问。

其中有一段是这样的。

河伯问："世间议论的人们总是说：'最细小的东西没有形体可寻，最巨大的东西不可限定范围'。这样的话是真实可信的吗？"

渤海神回答："从细小的角度看庞大的东西不可能全面，从巨大的角度看细小的东西不可能真切。精细，是小中之小；庞大，是大中之大。大小虽不同却各有各的合宜之处，这是事物固有的态势。"

"所谓精细与粗大，仅限于有形的东西，至于没有形体的事物，是不能用计算数量的办法来分的；而不可限定范围的东西，更不是用

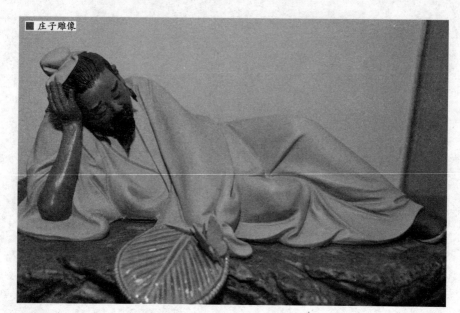

■ 庄子雕像

数学史鉴

数学历史与数学成就

数量能够精确计算的。"

上述故事选自被称为"天下第一奇书"的《庄子》的《秋水》篇，这篇文章是人们公认的《庄子》书中第一段文字。因为此篇最得庄周汪洋恣肆而行云流水之妙。

其实，这段对话中说的至精无形、无形不能分的思想，可以看作是作者借河神和海神的对话，阐述了当时的无穷小分割思想。

早在我国西周时期的数学家商高也曾与周公讨论过圆与方的关系。在《周髀算经》中，商高回答周公旦的问话中说得一清二楚。

圆既然出于方，为什么圆又归不了方呢？是世人没有弄清"圆出于方"的原理，而错误地定出了圆周率而造成的。

商高"方圆之法"，即求圆于方的方法，渗透着辩证思维。"万物周事而圆方用焉"，意思是说，要认识世界可用圆方之法；"大匠造制而规矩设焉"，意思是说，生产者要制造物品必然用规矩。

可见"圆方"包容着对现实天地的空间形式和数量关系的认识，而"数之法出于圆方"，就是在说数学研究对象就是"圆方"，即天地，数学方法来于"圆方"。亦即数学方法源于对自然界的认识。

"毁方而为圆，破圆而为方"，意思是说，圆与方这对矛盾，通过"毁"与"破"是可以互相转化的。认为"方中有圆"或"圆中有方"，就是在说"圆"与"方"是对立的统一体。

这就是商高的"圆方说"。它强调了数学思维要灵活应用，从而揭示出人的智力、人的数学思维在学习数学中的作用。认识了圆，人们也就开始了有关于圆的种种计算，特别是计算圆的面积。

战国时期的"百家争鸣"也促进了数学的发展，尤其是对于正名和一些命题的争论直接与数学有关。

名家认为经过抽象以后的名词概念与它们原来的实体不同，他们提出"矩不正，不可为方；规不正，不可为圆"，认为圆可以无限分割。

■ 百家争鸣雕刻

墨家 为我国春秋战国时期的诸子百家之一,影响深远。创始人为墨翟,世称"墨子",墨家之名从创始人而得。之后由于西汉汉武帝的独尊儒术政策、社会心态的变化以及墨家本身并非人人可达的艰苦训练、严厉规则及高尚思想,墨家在汉武帝在位时期之后基本消失。

墨家则认为,名来源于物,名可以从不同方面和不同深度反映物。墨家给出一些数学定义,例如圆、方、平、直、次、端等。

墨家不同意圆可以无限分割的命题,提出一个"非半"的命题来进行反驳:将一线段按一半一半地无限分割下去,就必将出现一个不能再分割的"非半",这个"非半"就是点。

名家的命题论述了有限长度可分割成一个无穷序列,墨家的命题则指出了这种无限分割的变化和结果。名家和墨家的数学定义和数学命题的讨论,对我国古代数学理论的发展是很有意义的。

汉司马迁《史记·酷吏列传》以"破觚而为圜"比喻汉废除秦的刑法。破觚为圆含有朴素的无穷小分割思想,大约是司马迁从工匠加工圆形器物化方为圆、化直为曲的实践中总结出来的。

■ 建筑中的圆形

上述这些关于"分割"的命题，对后来数学中的无穷小分割思想有深刻影响。

■ 墨子铜像

我国古代数学经典《九章算术》在第一章"方田"章中写到"半周半径相乘得积步"，也就是我们现在所熟悉的这个公式。

为了证明这个公式，魏晋时期数学家刘徽撰写《九章算术注》，在这一公式后面写了一篇1800余字的注记。这篇注记就是数学史上著名的"割圆术"。

刘徽用"差幂"对割到192边形的数据进行再加工，通过简单的运算，竟可以得到3072边形的高精度结果，附加的计算量几乎可以忽略不计。这一点是古代无穷小分割思想在数学中最精彩的体现。

刘徽在人类历史上首次将无穷小分割引入数学证明，成为人类文明史中不朽的篇章。

阅读链接

庄周是战国时期著名的思想家。他超越了任何知识体系和意识形态的限制，站在天道的环中和人生边上来反思人生。他的哲学是一种生命的哲学，他的思考也具有终极的意义。

庄周还有很多思想十分超前，比如提出了"一尺之棰，日取其半，万世不竭"等命题。

这句话的意思是说，一根一尺长的木棍，每天砍去它的一半，万世也砍不完。这是典型的数学里的极限思想，对古代数学的发展有很大影响。

遥遥领先的圆周率

刘徽创造的割圆术计算方法，只用圆内接多边形面积，而无须外切形面积，从而简化了计算程序，为计算圆周率和圆面积建立起相当严密的理论和完善的算法。

同时，为解决圆周率问题，刘徽所运用的初步的极限概念和直曲转化思想，这在古代也是非常难能可贵的。

在刘徽之后，我国南北朝时期杰出的数学家祖冲之，把圆周率推算到更加精确的程度，比欧洲人早了800多年，取得了极其光辉的成就。

■ 古籍中圆周率的记载

■ 刘徽雕像

刘徽是魏晋期间伟大的数学家，我国古典数学理论的奠基者之一。他创造了许多数学方面的成就，其中在圆周率方面的贡献，同样源于他的潜心钻研。

有一次，刘徽看到石匠在加工石头，觉得很有趣，就仔细观察了起来。石匠一斧一斧地凿下去，一块方形石料就被加工成了一根光滑的圆柱。

谁会想到，原本一块方石，经石匠师傅凿去4个角，就变成了八角形的石头。再去8个角，又变成了十六边形。这在一般人看来非常普通的事情，却触发了刘徽智慧的火花。

他想："石匠加工石料的方法，为什么不可以用在圆周率的研究上呢？"

于是，刘徽采用这个方法，把圆逐渐分割下去，一试果然有效。刘徽独具慧眼，终于发明了"割圆术"，在世界上把圆周率计算精度提高到了一个新的水平。

近代数学研究已经证明，圆周率是一个"超越数"概念，是一个

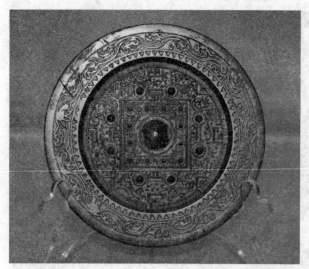
■ 规矩方圆铜镜

不能用有限次加减乘除和开各次方等代数运算术出来的数据。我国在两汉时期之前，一般采用的圆周率是"周三径一"。很明显，这个数值非常粗糙，用它进行计算，结果会造成很大的误差。

随着生产和科学的发展，"周三径一"的估算越来越不能满足精确计算的要求，人们便开始探索比较精确的圆周率。

虽然后来精确度有所提高，但大多却是经验性的结果，缺乏坚实的理论基础。因此，研究计算圆周率的科学方法仍然是十分重要的工作。

魏晋之际的杰出数学家刘徽，在计算圆周率方面，作出了非常突出的贡献。

他在为古代数学名著《九章算术》作注的时候，指出"周三径一"不是圆周率值，而是圆内接正六边形周长和直径的比值。而用古法计算出的圆面积的结果，不是圆面积，而是圆内接正十二边形面积。

经过深入研究，刘徽发现圆内接正多边形边数无限增加的时候，多边形周长无限逼近圆周长，从而创立割圆术，为计算圆周率和圆面积建立起相当严密的理论和完善的算法。

数学史鉴

数学历史与数学成就

周三径一 圆周周长与直径的比率为3:1。是古代关于圆周率的不太精确的估算。圆周率一般以π来表示，是一个在数学及物理学普遍存在的数学常数，是精确计算圆周长及面积、球体积等几何量的关键值，其定义为圆的周长与直径的比值，或面积与半径平方的比值。

刘徽割圆术的基本思想是:

　　　　割之弥细,所失弥少,割之又割以至
于不可割,则与圆合体而无所失矣。

　　就是说分割越细,误差就越小,无限细分就能逐步接近圆周率的实际值。他很清楚圆内接正多边形的边数越多,所求得的圆周率值越精确这一点。

　　刘徽用割圆的方法,从圆内接正六边形开始算起,将边数一倍一倍地增加,即12、24、48、96,因而逐个算出正六边形、正十二边形、正二十四边形等的边长,使"周径"之比的数值逐步地逼近圆周率。

　　他做圆内接九十六边形时,求出的圆周率是3.14,这个结果已经比古率精确多了。

　　刘徽利用"幂"和"差幂"来代替对圆的外切近似,巧妙地避开了对外切多边形的计算,在计算圆面积的过程中收到了事半功倍的效果。

　　刘徽首创"割圆术"的方法,可以说他是我国古代极限思想的杰出代表,在数学史上占有十分重要的地位。他所得到的结果在当时世界上也是很先进的。

　　刘徽所处的时代是社会上

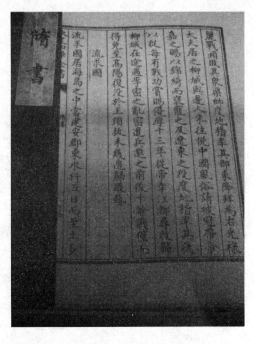

圆面积　圆是一种规则的平面几何图形,圆面积就是指图形的图形所占的平面空间大小。古代的数学家祖冲之,从圆内接正六边形入手,让边数成倍增加,用圆内接正多边形的面积去逼近圆面积。为后人解决这个问题开辟了道路。

《隋书·律历志》

军阀割据的时代，特别是当时魏、蜀、吴三国割据，在这个时候中国的社会、政治、经济发生了极大的变化，特别是思想界，文人学士们互相进行辩难。

所以当时成为辩难之风，一帮文人学士来到一块，就像我们大专辩论会那样，一个正方一个反方，提出一个命题来大家互相辩论。在辩论的时候人们就要研究讨论关于辩论的技术，思维的规律，所以在这一段人们的思想解放，应该说是在春秋战国之后没有过的，这时人们对思维规律的研究特别发达，有人认为这时人们的抽象思维能力远远超过春秋战国时期。

刘徽在《九章算术注》的自序中表明，把探究数学的根源，作为自己从事数学研究的最高任务。他注《九章算术》的宗旨就是"析理以辞，解体用图"。"析理"就是当时学者们互相辩难的代名词。刘徽通过析数学之理，建立了中国传统数学的理论体系。

在刘徽之后，祖冲之所取得的圆周率数值可以说是圆周率计算的一个跃进。据《隋书·律历志》记载，祖冲之确定了圆周率的不足近似值是3.1415926，过剩近似值是3.1415927，真值在这两个近似值之间，成为当时世界上最先进的成就。

阅读链接

圆周率在生产实践中应用非常广泛，在科学不很发达的古代，计算圆周率是一件相当复杂和困难的工作。因此，圆周率的理论和计算在一定程度上反映了一个国家的数学水平。

祖冲之算得小数点后7位准确的圆周率，正是标志着我国古代高度发展的数学水平。

祖冲之的圆周率精确值在当时世界遥遥领先，直至1000年后阿拉伯数学家阿尔卡西才超过他。所以，国际上曾提议将"圆周率"定名为"祖率"，以纪念祖冲之的杰出贡献。

创建天元术与四元术

天元术和四元术是我国古代求解高次方程的方法。天元术是列方程的方法，四元术是高次方程组的解法。13世纪，高次方程的数值解法是数学难题之一。当时许多数学家都致力于这个问题。

在我国古代，解方程叫作"开方术"。宋元时，开方术已经发展到历史的新阶段，已经达到了当时的世界先进水平。

■ 数学家李冶画像

周瑜 （175年—210年），字公瑾，人称"美周郎"，今安徽舒城人，东汉末年名将。其指挥的赤壁之战，是我国历史上著名的以少胜多的战役，直接决定了三国时期魏蜀吴三国鼎立的局面。周瑜年轻便成就大功，加上本人聪慧多才，相貌堂堂，精熟音律，还深得主上孙策、孙权的礼遇器重，是后世不少人美慕追思的英雄之一。

■ 王孝通画像

我国古代历史悠久，特别是数学成就更是十分辉煌，在民间流传着许多趣味数学题，一般都是以朗朗上口的诗歌形式表达出来。其中就有许多方程题。

比如有一首诗问周瑜的年龄：

大江东去浪淘尽，千古风流数人物。

而立之年督东吴，早逝英年两位数。

十比个位正小三，个位六倍与寿符。

哪位学子算得快，多少年华属周瑜？

依题意得周瑜的年龄是两位数，而且个位数字比十位数字大3，若设十位数字为x，则个位数字为$（x+3）$，由"个位6倍与寿符"可列方程得：$6（x+3）=10x+（x+3）$，解得$x=3$，所以周瑜的年龄为36岁。

再如有一首诗问寺内多少僧人：

巍巍古寺在山林，

不知寺内几多僧。

三百六十四只碗，

看看用尽不差争。

三人共食一碗菜，

四人共吃一碗羹。

请问先生名算者，

算来寺内几多僧？

设寺内有僧人x个，3人共食一碗菜，则吃菜用碗$x \div 3$个，四人共吃一碗羹，则喝羹用碗$x \div 4$个，正好用完364个碗，得$x \div 3 + x \div 4 = 364$

解得$x = 624$，所以寺内有624个僧人。

这些古代方程题非常有趣，普及了数学知识，激发了人们的数学思维。

在古代数学中，列方程和解方程是相互联系的两个重要问题。

唐代著名数学家王孝通撰写的《缉古算经》，首次提出三次方程式正根的解法，能解决工程建设中上下宽狭不一的计算问题，是对我国古代数学理论的卓越贡献，比阿拉伯人早300多年，比欧洲早600多年。

随着宋代数学研究的发展，解方程有了完善的方法，这就直接促进了对于列方程方法的研究，于是出现了我国数学的又一项杰出创造——天元术。

据史籍记载，金元之际已有一批有关天元术的著作，尤其是数学家李冶和朱世杰的著作中，都对天元术作了清楚的阐述。

李冶在数学专著《测圆海镜》中通过勾股容圆问题全面地论述了设立未知数和列方程的步骤、技巧、

■ 王孝通塑像

079

开创辉煌

数学成就

王孝通 唐代算历博士。武德年间曾任通直郎太史丞，并参加修改历法工作。王孝通的主要贡献在数学方面，他的专著是《缉古算经》。唐国子监设"算学"，以"十部算书"为教科书，列《缉古算经》为"十书"之一，并规定此书学习年限长达3年。

■ 朱世杰所著的
《算学启蒙》

运算法则，以及文字符号表示法等，使天元术发展到相当成熟的新阶段。

《益古演段》则是李冶为天元术初学者所写的一部简明易晓的入门书。他还著有《敬斋古今黈》《敬斋文集》《壁书丛削》《泛说》等，前一种今有辑本12卷，后3种已失传。

朱世杰所著《算学启蒙》，内容包括常用数据、度量衡和田亩面积单位的换算、筹算四则运算法则、筹算简法、分数、比例、面积、体积、盈不足术、高阶等差级数求和、数字方程解法、线性方程组解法、天元术等，是一部较全面的数学启蒙书籍。

朱世杰的代表作《四元玉鉴》记载了他所创造的高次方程组的建立与求解方法，以及他在高阶等差级数求和、高阶内插法等方面的重要成就。

美国科学史家乔治·萨顿在他的名著《科学史导论》中指出：

《四元玉鉴》是中国数学著作中最重要的一部，同时也是中世纪最杰出的数学著作之一。

除李冶、朱世杰外，元代色目人学者赡思的《河防通议》中也有天元术在水利工程方面的应用。

天元术是利用未知数列方程的一般方法，与现在代数学中列方程的方法基本一致，但写法不同。它首先要"立天元一为某某"，相当于"设x为某某"，再根据问题给出的条件列出两个相等的代数式。然后，通过类似合并同类项的过程，得出一个一端为零的方程。

天元术的出现，提供了列方程的统一方法，其步骤要比阿拉伯数学家的代数学进步得多。而在欧洲，则是至16世纪才做到这一点。

继天元术之后，数学家又很快把这种方法推广到多元高次方程组，最后又由朱世杰创立了四元术。

自从《九章算术》提出了多元一次联立方程后，许多世纪没有显著的进步。

在列方程方面，蒋周的演段法为天元术做了准备工作，他已经具有寻找等值多项式的思想；洞渊马与信道是天元术的先驱，但他们推导方程仍受几何思维的束缚；李冶基本上摆脱了这种束缚，总结出一套固定的天元术程序，使天元术进入成熟阶段。

古代数学书籍

在解方程方面，贾宪给出增乘开方法，刘益则用正负开方术求出四次方程正根，秦九韶在此基础上解决了高次方程的数值解法问题。

至此，一元高次方程的建立和求解都已实现。

数学史鉴

数学历史与数学成就

■ 古代数学书籍手抄本

线性方程组古已有之，所以具备了多元高次方程组产生的条件。李德载的二元术和刘大鉴的三元术相继出现，朱世杰集前人研究之大成，对二元术、三元术总结与提高，把"天元术"发展为"四元术"，建立了四元高次方程组理论。

元代杰出数学家朱世杰的《四元玉鉴》举例说明了一元方程、二元方程、三元方程、四元方程的布列方法和解法。其中有的例题相当复杂，数字惊人的庞大，不但过去从未有过，就是今天也很少见。可见朱世杰已经非常熟练地掌握了多元高次方程组的解法。

"四元术"是多元高次方程组的建立和求解方法。用四元术解方程组，是将方程组的各项系数摆成一个方阵。

其中常数项右侧仍记一"太"字，4个未知数一次项的系数分置于常数项的上下左右，高次项系数则按幂次逐一向外扩展，各行列交叉处分别表示相应未

消元法 将方程组中的一个方程的未知数用含有另一个未知数的代数式表示，并代入到另一个方程中去，这就消去了一个未知数，得到一个解。代入消元法简称"代入法"。消元法的功能主要有解方程组、代数问题和几何问题等。

■ 古代釉陶算珠

知数各次幂的乘积。

解这个用方阵表示的方程组时，要运用消元法，经过方程变换，逐步化成一个一元高次方程，再用增乘开方法求出正根。

从四元术的表示法来看，这种方阵形式不仅运算繁难，而且难以表示含有4个以上未知数的方程组，带有很大的局限性。

我国代数学在四元术时期发展至巅峰，如果要再前进一步，那就需要另辟蹊径了。后来，清代的代数学进展是通过汪莱等人对于方程理论的深入研究和引进西方数学这两条途径来实现的。

阅读链接

元代数学家朱世杰建立了四元高次方程组解法"四元术"，居于世界领先水平。在外国，多元方程组虽然也偶然在古代的民族中出现过，但较系统地研究却迟至16世纪。

1559年法国人彪特才开始用A、B、C等来表示不同的未知数。过去不同未知数用同一符号来表示，以致含混不清。正式讨论多元高次方程组已到18世纪，由探究高次代数曲线的交点个数而引起。

1100年法国人培祖提出用消去法的解法，这已在朱世杰之后四五百年了。

创建垛积术与招差术

　　垛积术源于北宋科学家沈括首创的"隙积术"，用来研究某种物品按一定规律堆积起来求其总数问题，即高阶等差级数的研究。后世数学家丰富和发展了这一成果。

　　宋元时期，天文学与数学的关系进一步密切了。招差术的创立、发展和应用，是我国古代数学史和天文学史上具有世界意义的重大成就。

■ 沈括画像

北宋真宗时，有一年皇宫失火，很多建筑被烧毁，修复工作需要大量土方。当时因城外取土太远，遂采用沈括的方案：

就近在大街取土，将大街挖成巨堑，然后引汴水入堑成河，使运料的船只可以沿河直抵宫门。竣工后，将废料充塞巨堑复为大街。

沈括提出的方案，一举解决了取土、运料、废料处理问题。此外，沈括的"因粮于敌""高超合龙""引水补堤"等，也都是使用运筹学思想的例子。

■ 沈括雕像

沈括是北宋时期的大科学家，博学多识，在天文、方志、律历、音乐、医药、卜算等方面皆有所论著。沈括注意数学的应用，把它应用于天文、历法、工程、军事等领域，得出许多重要的成果。

沈括的数学成就主要是提出了隙积术、测算、度量、运粮对策等。其中的"隙积术"是高阶等差级数求和的一种方法，为后来南宋杨辉的"垛积术"、元代郭守敬和朱世杰的"招差术"开辟了道路。

垛积，即堆垛求积的意思。由于许多堆垛现象呈高阶等差数列，因此垛积术在我国古代数学中就成了专门研究高阶等差数列求和的方法。

沈括在《梦溪笔谈》中说：算术中求各种几何体积的方法，例如长方棱台、两底面为直角三角形的正

汴水 古河名。北宋时期，开封之所以能成为一个全国统一的"八方辐辏，四面云集"的大都市，就是因为有了这条烟波浩瀚的汴河。它把黄河和长江联系起来，使各地的粮食和物资得以源源不断地运进开封。元代还有"一苏、二杭、三汴梁"的谚语。

柱体、三角锥体、四棱锥等都已具备，唯独没有隙积这种算法。

所谓隙积，就是有空隙的堆垛体，像垒起来的棋子，以及酒店里叠置的酒坛一类的东西。它们的形状虽像覆斗，4个测面也都是斜的，但由于内部有内隙之处，如果用长方棱台方法来计算，得出的结果往往比实际为少。

沈括所言把隙积与体积之间的关系讲得一清二楚。同样是求积，但"隙积"是内部有空隙的，像垒棋，层层堆积坛罐一样。

而酒家积坛之类的隙积问题，不能套用长方棱台体积公式。但也不是不可类比，有空隙的堆垛体毕竟很像长方棱台，因此在算法上应该有一些联系。

沈括是用什么方法求得这一正确公式的，《梦溪笔谈》没有详细说明。现有多种猜测，有人认为是对不同长、宽、高的垛积进行多次实验，用归纳方法得出的；还有人认为可能是用"损广补狭"办法，割补几何体得出的。

沈括所创造的将级数与体积比类，从而求和的方法，为后人研究级数求和问题提供了一条思路。首先是南宋末年的数学家杨辉在这条思路中获得了成就。

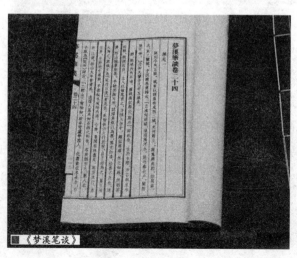

《梦溪笔谈》

杨辉在《详解九章算术算法》和《算法通变本末》中，丰富和发展了沈括的隙积术成果，还提出了新的垛积公式。

沈括、杨辉等所讨论的级数与一般等差级数不同，前后两

项之差并不相等，但是逐项差
数之差或者高次差相等。对这
类高阶等差级数的研究，在杨
辉之后一般称为"垛积术"。

元代数学家朱世杰在其所著
的《四元玉鉴》一书中，把沈
括、杨辉在高阶等差级数求和
方面的工作向前推进了一步。

朱世杰对于垛积术做了进
一步的研究，并得到一系列重
要的高阶等差级数求和公式，
这是元代数学的又一项突出成
就。他还研究了更复杂的垛积
公式及其在各种问题中的实际应用。

数学家杨辉

开创辉煌

数学成就

对于一般等差数列和等比数列，我国古代很早就有了初步的研究
成果。总结和归纳出这些公式并不是一件轻而易举的事情，是有相当
难度的。上述沈括、杨辉、朱世杰等人的研究工作，为此做出了突出
的贡献。

"招差术"也是我国古代数学领域的一项重要成就，曾被大科学
家牛顿加以利用，在世界上产生了深远影响。

我国古代天文学中早已应用了一次内插法，隋唐时期又创立了等
间距和不等间距二次内插法，用以计算日、月、五星的视行度数。这
项工作首先是由刘焯开始的。

刘焯是隋代经学家、天文学家。他的门生弟子很多，成名的也不
少，其中衡水县的孔颖达和盖文达，就是他的得意门生，后来成为唐
代初期的经学大师。

隋炀帝即位，刘焯任太学博士。当时，历法多存谬误，他呕心沥血制成《皇极历》，首次考虑到太阳视运动的不均性，创立"等间距二次内插法公式"来计算运行速度。

《皇极历》在推算日行盈缩，黄道月道损益，日、月食的多少及出现的地点和时间等方面，都比以前诸历精密得多。

由于太阳的视运动对时间来讲并不是一个二次函数，因此即使用不等间距的二次内插公式也不能精确地推算太阳和月球运行的速度等。因此，刘焯的内插法有待于进一步研究。

宋元时期，天文学与数学的关系进一步密切了，许多重要的数学方法，如高次方程的数值解法，以及高次等差数列求和方法等，都被天文学所吸收，成为制定新历法的重要工具。元代的《授时历》就是一个典型。

《授时历》是由元代天文学家兼数学家郭守敬为主集体编写的一部先进的历法著作。其先进的成就之一，就是其中应用了招差术。

郭守敬创立了相当于球面三角公式的算法，用于计算天体的黄道坐标和赤道坐标及其相互换算，废除了历代编算历法中的分数计算，采用百位进制，使运算过程大为简化。

数学历史与数学成就

阅读链接

有一天，风景秀丽的扬州瘦西湖畔，来了一位教书先生，在寓所门前挂起一块招牌，上面用大字写着："燕山朱松庭先生，专门教授四元术。"朱世杰号松庭。

一时间，求知者便络绎不绝。

朱世杰曾路见不平，挺身而出，救下一个被妓院的鸨母追打的卖身女。后来在他的精心教导下，苦命的姑娘颇懂些数学知识，成了朱世杰的得力助手，两人结成夫妻。

此事至今还在扬州民间流传："元代朱汉卿，教书又育人。救人出苦海，婚姻大事成。"

我国古代数学领域涌现了许多学科带头人，是他们让古典数学大放异彩。假如历史上没有人研究数学，就绝不会有《周髀算经》《九章算术》等这样的书流传下来；没有数学家，周王开井田、秦始皇建陵墓等一样也做不成。

我国古代许多数学家曾写下了不少著名的数学著作，记载了他们在数学领域的发现和创建。许多具有世界意义的成就正是因为有了这些古算书而得以流传。这些古代数学名著是了解我国古代数学成就的宝库。

群星闪耀

数学名家

古典数学理论奠基者刘徽

■ 古代观测仪器

刘徽是三国后期魏国人，是我国古代杰出的数学家，也是我国古典数学理论的奠基者之一。他的杰作《九章算术注》和《海岛算经》，是我国最宝贵的数学遗产。

刘徽的一生是为数学刻苦探求的一生。他不是沽名钓誉的庸人，而是学而不厌的伟人，他给我们中华民族留下了宝贵的精神财富。他在世界数学史上也有着崇高的地位。

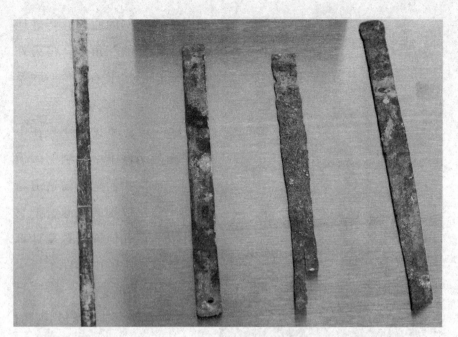

■ 古代数学工具

魏晋时期杰出的数学家刘徽，曾经提出一个测量太阳高度的方案：

在洛阳城外的开阔地带，一南一北，各立一根8尺长的竿，在同一天的正午时刻测量太阳给这两根竿的投影，以影子长短的差当作分母，以竿的长乘以两竿之间的距离当作分子，两者相除，所得再加上竿的长，就得到了太阳到地表的垂直高度。

再以南边一竿的影长乘上两竿之间的距离作为分子，除以前述影长的差，所得就是南边一竿到太阳正下方的距离。

以这两个数字作为直角三角形两条直角边的边长，用勾股定理求直角三角形的弦长，所得就是太阳距观测者的实际距离。

刘徽的这个方案，运用了相似三角形相应线段的

洛阳城 举世闻名的文化古都，是夏、商、西周、东周、东汉、曹魏、西晋、北魏、隋、武周等13朝的都城。今河南省洛阳市，历史文化名城。现存城址有周王城、汉魏洛阳城及在其基础上扩建的北魏洛阳城、隋唐洛阳城和金明洛阳城等。

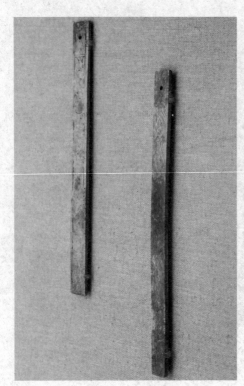

■ 东汉时用于测量的象牙尺子

长对应成比例的原理，巧妙地用一个中介的三角形，将另外两个看似不相干的三角形联系在一起。

这一切，和我们今天在中学平面几何课本中学到的一模一样。如果我们把刘徽这道题里的太阳换成别的光源，把它设计成一道几何证明题兼计算题，放到今天的中学课本里，也是完全没有问题的。

刘徽的数学著作留传后世的很少，所留之作均久经辗转传抄。他的主要著作有：《九章算术注》10卷；《重差》1卷，至唐代易名为《海岛算经》。

刘徽之所以能够写出《九章算术注》，这与他生活的时代大背景是有关系的。

汉代末期的动乱打破了西汉时期"罢黜百家，独尊儒术"这个儒家学说经学独断的局面，思想解放了。后来形成的三国鼎立局面，虽然没有大统一，但是出现了短暂的相对的统一，促成了思想解放、学术争鸣的局面。

此外，东汉末年，佛教进入我国，道教开始兴起，而且儒道开始合流，有些人开始用道家的思想来解释儒家的东西。百家争鸣、辨析明理的局面，促进了当时国人的逻辑思维的发展。

已经被废除或者停止好多年的逻辑问题，又被提到了学术界。

因为数学是个逻辑过程，有逻辑推理、逻辑证明，没有这种东西做基础，那数学是不可想象的。科技的复苏和发展，就需要一些科学技术的东西，来推进生产力的发展。因此，刘徽的数学思想就在这样的背景下产生了。

事实上，他正是我国最早明确主张用逻辑推理的方式来论证数学命题的人。

从《九章算术》本身来看，它约成书于东汉初期，共有246个问题的解法。在许多方面：如解联立方程，分数四则运算，正负数运算，几何图形的体积面积计算等，都属于世界先进之列。

但因原书的解法比较原始，缺乏必要的证明，刘徽于是作《九章算术注》，对其均作了补充证明。这些证明，显示了他在众多方面的创造性贡献。

《海岛算经》原为《九章算术注》第九卷勾股章

道教 发源于历史悠久的华夏大地，是一个崇拜诸多神明的多神教原生的宗教形式，主要宗旨是追求得道成仙、济世救人。在中华传统文化中，道教被认为是与儒学和佛教一起的一种占据着主导地位的理论学说和寻求有关实践练成神仙的方法。不仅在我国传统文化中占有重要地位，而且对现代世界也有一定影响性。

■ 古代测量画砖

■ 古人做测量实验

内容的延续和发展，名为《九章重差图》，附于《九章算术注》之后作为第十章。唐代将其从中分离出来，单独成书，按第一题"今有望海岛"，取名为《海岛算经》，是《算经十书》之一。

《海岛算经》研究的对象全是有关高与距离的测量，所使用的工具也都是利用垂直关系所连接起来的测竿与横棒。

所有问题都是利用两次或多次测望所得的数据，来推算可望而不可即的目标的高、深、广、远。是我国最早的一部测量数学著作，也为地图学提供了数学基础。

《海岛算经》运用二次、三次、四次测望法，是测量学历史上领先的创造。中外学者对《海岛算经》的成就，给予很高的评价。

美国数学家弗兰克·斯委特兹说：

《海岛算经》使中国测量学达到登峰造极的地步，使中国在数学测量学的成就，超越西方约1000年。

刘徽的数学成就可以归纳为两个方面：一是清理我国古代数学体系并奠定了它的理论基础；二是在继承的基础上提出了自己的创见。

刘徽在古代数学体系方面的成就，集中体现在《九章算术注》中。此作实际上已经形成一个比较完整的理论体系。

在数系理论方面，刘徽用数的同类与异类阐述了通分、约分、四则运算，以及繁分数化简等运算法则；在开术的注释中，他从开方不尽的意义出发，论述了无理方根的存在，并引进了新数，创造了用十进分数无限逼近无理根的方法。

在筹式演算理论方面，刘徽先给率以比较明确的定义，又以遍乘、通约、齐同等基本运算为基础，建立了数与式运算的统一的理论基础。他还用"率"来定义我国古代数学中的"方程"，即现代数学中线性方程组的增广矩阵。

在勾股理论方面，刘徽逐一论证了有关勾股定理与解勾股形的计算原理，建立了相似勾股形理论，发展了勾股测量术，通过对"勾中容横"与"股中容直"之类的典型图形的论析，形成了我国特色的相似理论。

在面积与体积理论方面，刘徽用出入相补、以盈补虚的原理及"割圆术"的极限方法提出了刘徽原理，并解决了多种几何形、几何体的面积与体积计算问题。这些方面的理论

《算经十书》

是指汉唐时期1000多年间的10部著名的数学著作，它们曾经是隋唐时代国子监算学科的教科书。10部书的名称是：《周髀算经》《九章算术》《海岛算经》《张丘建算经》《夏侯阳算经》《五经算术》《缉古算经》《缀术》《五曹算经》和《孙子算经》。

■ 古代数学著作

价值至今仍闪烁着光辉。

刘徽在继承的基础上提出了自己的见解。这方面主要体现为以下几项有代表性的创见：

一是割圆术与圆周率。他在《九章算术·圆田术》注中，用割圆术证明了圆面积的精确公式，并给出了计算圆周率的科学方法。他首先从圆内接正六边形开始割圆，每次边数倍增，得到比以前更为准确的圆周率数值，被称为"徽率"。

二是刘徽原理。在《九章算术·阳马术》注中，他在用无限分割的方法解决锥体体积时，提出了关于多面体体积计算的刘徽原理。

三是"牟合方盖"说。在《九章算术》注中，他指出了球体积公式的不精确性，并引入了"牟合方盖"这一著名的几何模型。"牟合方盖"是指正方体的两个轴互相垂直的内切圆柱体的贯交部分。

四是方程新术。在《九章算术·方程术》注中，他提出了解线性方程组的新方法，运用了比率算法的思想。

五是重差术。在自撰《海岛算经》中，他提出了重差术，采用了重表、连索和累矩等测高测远方法。

刘徽不仅对我国古代数学的发展产生了深远影响，而且在世界数学史上也有着崇高的地位，他被称作"中国数学史上的牛顿"。

阅读链接

刘徽自幼学习《九章算术》，细心详览，长期钻研，感悟其中的阴阳割裂之道，追寻古代算术的历史根源，在探索奥秘的过程中，终于得其要领。因此，他才敢于发现和指出其中的不足之处，去其糟粕，取其精华，加上自己的研究成果和心得，为《九章算术》一书作注。

看来，刘徽学习数学几乎穷尽了毕生精力，所以才很有心得，最终成为我国古典数学理论的奠基人。

推算圆周率的先祖祖冲之

　　祖冲之是南北朝时期人，杰出的数学家、科学家。其主要贡献在数学、天文历法和机械三方面。此外，对音乐也有研究。他是历史上少有的博学多才的人物。

　　祖冲之在数学上的杰出成就，是关于圆周率的计算。他在前人成就的基础上，经过反复演算，求出了圆周率更为精确的数值，因此圆周率也被外国数学史家称作"祖率"。

■ 祖冲之画像

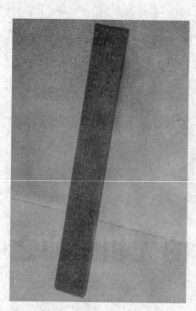

■ 古人使用的黄铜尺子

祖冲之的祖父祖昌，是个很有科学技术知识的人，曾在南朝宋的朝廷里担任过大匠卿，负责主持建筑工程。祖父经常给他讲一些科学家的故事，其中东汉时期大科学家张衡发明地动仪的故事深深打动了祖冲之幼小的心灵。

祖冲之常随祖父去建筑工地，晚上，就同农村小孩们一起乘凉、玩耍。天上星星闪烁，农村孩子们却能叫出星星的名称，如牛郎星、织女星以及北斗星等，此时，祖冲之觉得自己实在知道得太少。

祖冲之不喜欢读古书。5岁时，父亲教他学《论语》，两个月他也只能背诵10多句。父亲很生气。可是他喜欢数学和天文。

一天晚上，他躺在床上想白天老师说的"圆周是直径的3倍"这话似乎不对。

第二天早上，他就拿了一段妈妈做鞋子用的线绳，跑到村头的路旁等待过往的车辆。

一会儿，来了一辆马车，祖冲之叫住马车，对驾车的老人说："让我用绳子量量您的车轮，行吗？"

老人点点头。

祖冲之用绳子把车轮量了一下，又把绳子折成同样大小的3段，再去量车轮的直径。量来量去，他总觉得车轮的直径不是"圆周长的三分之一"。

祖冲之站在路旁，一连量了好几辆马车车轮的直径和周长，得出的结论是一样的。

这究竟是为什么呢？这个问题一直在他的脑海里萦绕。他决心要解开这个谜。随着年龄的增长，祖冲之的知识越来越丰富了。他开始研究刘徽的"割圆术"。

祖冲之非常佩服刘徽的科学方法，但刘徽的圆周率只得到正九十六边形的结果后就没有再算下去，祖冲之决心按刘徽开创的路子继续走下去，一步一步地计算正一百九十二边形、正三百八十四边形等，以求得更精确的结果。

当时，数字运算还没利用纸、笔和数码进行演算，而是通过纵横相间地罗列小木棍，然后按类似珠算的方法进行计算。

祖冲之在房间地板上画了个直径为一丈的大圆，又在里边做了个正六边形，然后摆开他自己做的许多小木棍开始计算起来。

此时，祖冲之的儿子祖暅已13岁了，他也帮着父亲一起工作，两人废寝忘食地计算了10多天才算到正九十六边形，结果比刘徽的少0.000002丈。

祖暅对父亲说："我们计算得很仔细，一定没错，可能是刘徽错了。"

祖冲之却摇摇头说："要推翻他一定要有科学根据。"于是，父子俩又花了十几天的时间重新计算了一遍，证明

张衡（78年—139年），我国东汉时期伟大的天文学家、数学家、发明家、地理学家、制图学家、文学家、学者，在汉代官至尚书，为我国天文学、机械技术、地震学的发展做出了不可磨灭的贡献。天文学领域有以他的名字命名的天体"张衡星"。

■ 祖冲之塑像

■ 圆形计算图

刘歆（前50年—23年），西汉后期的著名学者，古文经学的真正开创者。他不仅在儒学上很有造诣，而且编制的《三统历谱》，被认为是世界上最早的天文年历的雏形。他在圆周率的计算上也有贡献，是世界上第一个不沿用"周三径一"的中国人。

刘徽是对的。

祖冲之为避免再出误差，以后每一步都至少重复计算两遍，直至结果完全相同才罢休。

祖冲之从正一万二千二百八十八边形，算至正二万四千五百七十六边形，两者相差仅0.0000001。祖冲之知道从理论上讲，还可以继续算下去，但实际上无法计算了，只好就此停止，从而得出圆周率必然大于3.1415926而小于3.1415927这一结果。

很多朋友知道了祖冲之计算的成绩，纷纷登门向他求教。

这个成绩，使他成为了当时世界上最早把圆周率数值推算到7位数字以上的科学家。直至1000多年后，德国数学家鄂图才得出相同的结果。

祖冲之能取得这样的成就，和当时的社会背景有关。他生活在南北朝时期的南朝宋。由于南朝时期社会比较安定，农业和手工业都有显著的进步，经济和文化得到了迅速发展，从而也推动了科学的前进。当时南朝时期出现了一些很有成就的科学家，祖冲之就是其中最杰出的人物之一。

祖冲之的主要贡献在数学、天文历法和机械三方面。

祖冲之在数学方面的主要贡献是推算出更准确的圆周率的数值。圆周率的应用很广泛，尤其是在天文、历法方面，凡牵涉圆的一切问题，都要使用圆周率来推算。因此，如何正确地推求圆周率的数值，是世界数学史上的一个重要课题。

我国古代劳动人民在生产实践中求得的最早的圆周率值是"3"，这当然很不精密，但一直被沿用至西汉时期。后来，随着天文、数学等科学的发展，研究圆周率的人越来越多了。

西汉末年的刘歆首先抛弃"3"这个不精确的圆周率值，他曾经采用过的圆周率是3.547。东汉时期的张衡也算出圆周率为3.1622。

这些数值比起"3"当然有了很大的进步，但是还远远不够精密。至三国末期，数学家刘徽创造了用割圆术来求圆周率的方法，圆周率的研究

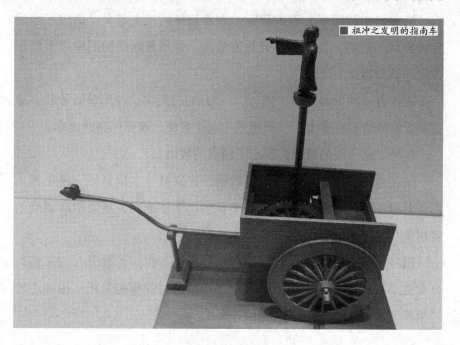
■ 祖冲之发明的指南车

■ 古代测量仪器铜釜

才获得了重大的进展。

不过从当时的数学水平来看，除刘徽的割圆术外，还没有更好的方法。祖冲之把圆的内接正多边形的边数增多至二万四千五百七十六边形时，便恰好可以得出3.1415926<π<3.1415927的结果。

祖冲之还确定了圆周率的两个分数形式约率和密率的近似值。约率前人已经用到过，密率是祖冲之发现的。

密率是分子分母都在1000以内的分数形式的圆周率最佳近似值。用这两个近似值计算，可以满足一定精度的要求，并且非常简便。

祖冲之在圆周率方面的研究，有着积极的现实意义，适应了当时生产实践的需要。他亲自研究过度量衡，并用最新的圆周率成果修正古代的量器容积的计算。

古代有一种量器叫作"釜"，一般的是1尺深，外形呈圆柱状，那这种量器的容积有多大呢？要想求出这个数值，就要用到圆周率。

祖冲之利用他的研究，求出了精确的数值。

他还重新计算了汉朝刘歆所造的"律嘉量"。这是另一种量器。由于刘歆所用的计算方法和圆周率数值都不够准确，所以他所得到的容积值与实际数值有出入。

祖冲之找到他的错误所在，利用"祖率"校正了数值，为人们的日常生活提供了方便。以后，人们制造量器时就普遍采用了祖冲之的"祖率"数值。

祖冲之曾写过《缀术》5卷，汇集了祖冲之父子的数学研究成果，是一部内容极为精彩的数学书，备受人们重视。

后来唐代的官办学校的算学科中规定：学员要学《缀术》4年；朝廷举行数学考试时，多从《缀术》中出题。

祖冲之在天文历法方面的成就，大都包含在他所编制的《大明历》中。这个历法代表了当时天文和历算方面的最高成就。

比如：首次把岁差引进历法，这是我国历法史上的重大进步；定一个回归年为365.24281481日；采用391年置144闰的新闰周，比以往历法采用的19年置7闰的闰周更加精密；精确测得交点月日数为27.21223日，使得准确的日、月食预报成为可能等。

在机械制造方面，祖冲之设计制造过水碓磨、铜制机件传动的指南车、千里船、定时器等。他不仅仅让失传已久的指南车原貌再现，也发明了能够日行千里的"千里船"，并制造出类似孔明的"木牛流马"运输工具。

祖冲之生平著作很多，内容也是多方面的。在数学方面著有《缀

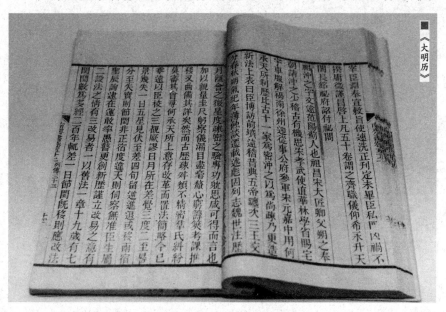

《大明历》

术》；天文历法方面有《大明历》及为此写的"驳议"；古代典籍的注释方面有《易义》《老子义》《庄子义》《释论语》《释孝经》等；文学作品方面有《述异记》，在《太平御览》等书中可以看到这部著作的片断。

值得一提的是，祖冲之的儿子祖暅，也是一位杰出的数学家，他继承他父亲的研究，创立了球体体积的正确算法。

他们当时采用的一条原理是：位于两平行平面之间的两个立体，被任一平行于这两平面的平面所截，如果两个截面的面积恒相等，则这两个立体的体积相等。

为了纪念祖氏父子发现这一原理的重大贡献，数学上也称这一原理为"祖暅原理"。祖暅原理也就是"等积原理"。

在天文方面，祖暅也能继承父业。他曾著《天文录》30卷，《天文录经要诀》1卷，可惜这些书都失传了。

祖冲之编制的《大明历》，梁武帝天监初年，祖暅又重新加以修订，才被正式采用。他还制造过记时用的漏壶，记时很准确，并且写过一部《漏刻经》。

阅读链接

祖冲之曾经受命齐高帝萧道成仿制指南车。制成后，萧道成就派大臣王僧虔、刘休两人去试验，结果证明它的构造精巧，运转灵活，无论怎样转弯，木人的手常常指向南方。

当祖冲之制成指南车的时候，北朝有一个名叫索驭驎的来到南朝，自称也会制造指南车。于是萧道成也让他制成一辆，在皇宫里的乐游苑和祖冲之所制造的指南车比赛。

结果祖冲之所制的指南车运转自如，索驭驎所制的却很不灵活。索驭驎只得认输，并把自己制的指南车毁掉了。

闪耀数学思想光芒的贾宪

　　贾宪是北宋时期杰出的数学家。曾撰写的《黄帝九章算法细草》和《算法敩古集》均已失传。他的主要贡献是创造了"贾宪三角"和增乘开方法。

　　贾宪在数学知识的普及和教育过程中，注重数学教育的系统化、纲领化、抽象化及思维的多样化。从这里我们不难发现他数学教育思想的闪光之处。贾宪的贡献对于我国古典数学高峰的到来起到了重要的推动作用。

■ 贾宪画像

■ 北宋三角形铁铧

《缀术》 我国古代数学著作。是祖冲之所作，还是祖暅所作，我国数学史界至今没有定论，在可以预见的将来，也不可能有定论。不过，有两点是可以肯定的：一、它是祖冲之父子的著作。二、它是中国自汉魏至隋唐水平最高的数学著作。

贾宪是现在知道的宋元时期成就第一的著名数学家。据《宋史》记载，贾宪师从北宋前期著名的天文学家和数学家楚衍学习天文、历算。对于《九章算术》《缀术》《海岛算经》诸算经的学习尤得其妙。

根据史料记载，贾宪著有《黄帝九章算法细草》9卷、《算法敩古集》2卷及《释锁》，可惜均已失传。我国南宋时期著名数学家杨辉著《详解九章算法》中曾引用贾宪的"开方作法本源"图和"增乘开方法"。

此外，贾宪给出的"立成释锁开方法"，完善的"勾股生变十三图"，以及创立的"增乘方求廉法"，都表明他对算法抽象化、程序化、机械化做出了重要贡献。

虽然有关贾宪的资料保存下来的并不完整，但从杨辉缉录的《黄帝九章算法细草》中，我们仍然可以发现他的一些独到的数学思想和方法，主要有抽象分析法和程序化方法。

贾宪在研究《九章算术》过程中，使用了抽象分析法，尤其在解决勾股问题时更为突出。他首先提出了"勾股生变十三图"，具备了勾股弦及其和差的所有关系，并对勾股问题进行了抽象分析。

正是由于贾宪掌握了这一方法，才使他能够使用纯数学的方法改写《九章算术》术文，给后人留下公式化的解题范例。在方程术等其他章节的细草中，他也广泛运用了这种方法。

程序化方法主要是指探究问题的思维程序、过程和步骤。适用于同一理论体系下，同一类问题的解法。贾宪的"增乘开方法"和"增乘方求廉法"尤其集中地体现了这一方法。

贾宪在开立方过程中，已经形成了固定的程序。他的工作则使开方程序系统化、规范化。贾宪的数学方法论，对宋元数学家产生了深远影响，纵观创造宋元数学主要成就的"宋元数学四大家"，莫不从中吸取精髓。

贾宪的"增乘开方法"开创了开高次方的研究课题，后经秦九韶"正负开方术"加以完善，使高次方程求正根的问题得以解决。

宋元数学四大家 我国古代数学在宋元时期达到了繁荣的顶点，涌现了一大批卓有成就的数学家。其中秦九韶、李冶、杨辉和朱世杰成就最为突出，被誉为"宋元数学四大家"。但现有人建议，应该把贾宪列入其中，成为"五大家"。

■ 北宋棱形量具

■ 计数玉块

乾嘉学派 指清代的一个学术流派，因在乾隆、嘉庆两朝达到极盛，故得名。其学术研究采用了汉代儒生训诂、考订的治学方法，所以有"汉学"之称。又因此学派的文风朴实简洁，重证据罗列而少理论发挥，而有"朴学""考据学"之称。

加之从李冶的天元术至朱世杰的四元术的建立，终于在14世纪初建立起一套完整的方程学理论，使之成为宋元数学界最有成就的课题。

贾宪三角在西方文献中称"帕斯卡三角"，1654年为法国数学家B·帕斯卡重新发现。

贾宪三角的给出，开创了我国古代高阶等差级数求和问题的研究方向。朱世杰从"三角"的每条斜线上发现了"三角垛""撒星形垛"等高阶等差级数求和公式。

"增乘开方法"事实上简化了筹算程序，并使程序化更加合理，这对后世筹算乃至于算具的改进是有启迪意义的。

《黄帝九章算法细草》开创的数学研究方法，被后世数学家广为借鉴。清代学术流派"乾嘉学派"在保存和整理数学著作时，就曾对《黄帝九章算法细草》等一批算书或注释或图说。

古代学者著书立说目的之一就是教育世人。在数学知识的普及和教育过程中，贾宪重视对一般性解法的抽象，注重对知识纲要的概括，注重系统化，注重发散性思维的锻炼。从这里我们不难发现他的数学教育思想的闪光之处。

贾宪重视对一般性解法的抽象。他之所以这样做，应该是深受我国古代早已有之的"授人以鱼不如授人以渔"的教育思想影响。

据现在所知，《黄帝九章算法细草》约成书于1050年前后，此书出版后，在社会上流传较广，在一定程度上逐渐代替了《九章算术》。这也是当时社会对其数学教育思想的认可。

贾宪注重对知识纲要的概括。他在给出"立成释锁开方法"之后，又提出"增乘方求廉法"，并给出六阶贾宪三角，解释开各次方之间的联系。讨论勾股问题则先论"勾股生变十三图"，而后谈问题的解法，给人以清晰的体系感。

他的这些尝试，都体现了对知识纲要的重视。在数学教育上，注重对知识纲要的概括，也不失为一种良好的教学方法。

现存资料显示，贾宪未涉足刘徽的分数和极限理论领域。再加上

■富含数学知识的围棋

■ 宋代学者画像

他在《黄帝九章算法细草》中所讨论的开方问题未涉及开不尽的情况，他甚至把《九章算术》中有分数解的问题改题设以得整数解。这些迹象表明他的工作是建立在整数集之上的。

在此基础上，贾宪提纲挈领地概括了勾股和开方问题，给出了诸多问题的一般性解法，从中我们隐约可以看到系统化方法的痕迹。

事实上，以贾宪的数学知识水平，他不可能不熟知分数，也不会不了解刘徽的求微数思想，只是他对开方开不尽的问题没有研究透彻。因此在他的著述中才回避了分数，目的是把自己掌握的数学知识，系统地传于世人。

这在古代数学教育史上是难能可贵的。

贾宪注重发散性思维的锻炼。他讨论《九章算术》中诸类问题时，不是固守前人的思路和算法，从而发现了很多新的计算方法。如"课分法""减分法""今有术""合率术""分率术""方程术""两不足术""勾股旁要法"等。

由此可见，贾宪不仅注重概括理论化的研究方法，同时也身体力行地致力于发散性思维的锻炼，这对于知识的创新是大有裨益的。

《九章算术》是11世纪以前我国最著名的数学著作，在其流传过程中，为其作注的人很多。而在数学理论上有突出贡献的主要是3位数学家，即刘徽理论基础的奠定、贾宪理论水平的提高和杨辉理论的基

数学史鉴
数学历史与数学成就

本完善，贾宪起着承前启后的作用。

另一方面，魏晋南北朝兴起的数学研究热潮自唐而中断，贾宪的数学方法论又激发了宋元时期的数学研究热潮，他又起到了推波助澜的作用。

贾宪对于《九章算术》中提出的问题，揭示数学本质；借助程序化，讲解方法的原理；提纲挈领，梳理知识脉络；注重知识系统化，避免产生悖论。这些思想方法对宋元数学家有很深的影响。

比如：杨辉著《详解九章算法》借鉴了贾宪的抽象和探索成果，对《九章》各题重新纂类；李冶著《测圆海镜》就继承并发扬了这些数学方法，建立了一个逻辑严密的演绎体系。

朱世杰著《四元玉鉴》也用到这些思想方法，成就了我国古代数学史上的巅峰之作；秦九韶著《数术大略》不言具体数字更是师法贾宪，可见其方法论的生命力。

当然，这些数学思想方法并非贾宪独创，也是历代数学著述、研究、积累的结果，而贾宪又将其提炼和传承。

总之，"贾宪三角"的发现及与之密切相关的"增乘开方法"的创立，对于我国古典数学于宋元时期达到高峰起到了重要的作用。

阅读链接

北宋时期数学家贾宪约1050年首先使用"贾宪三角"进行高次开方运算。"贾宪三角"在国际上产生了广泛影响。

意大利人称之为"塔塔利亚三角形"，以纪念在16世纪发现一元三次方程解的塔塔利亚。

法国数学家布莱士·帕斯卡在13岁时发现了"帕斯卡三角"。帕斯卡介绍了这个三角形，并收集了几个关于它的结果，以此解决一些概率论上的问题。

后来，国外也逐渐承认这项成果属于中国，所以有些书上称这是"中国三角形"。

数学成就突出的秦九韶

秦九韶是南宋时期官员、数学家，与李冶、杨辉、朱世杰并称"宋元数学四大家"。他精研星象、算术、营造之学，完成著作《数书九章》，取得了具有世界意义的重要贡献。

秦九韶最重要的数学成就是"大衍总数术"，即一次同余组解法，还有"正负开方术"，即高次方程数值解法。

秦九韶的成就代表了中世纪世界数学发展的主流与最高水平，在世界数学史上占有崇高的地位。

■秦九韶纪念馆

■ 韩信点兵雕塑

在楚汉战争中，有一次，刘邦手下大将韩信与楚王项羽手下大将李锋交战。苦战一场，楚军不敌，败退回营，汉军也死伤四五百人，于是韩信整顿兵马也返回大本营。

就在汉军行至一山坡时，忽有后军来报，说有楚军骑兵追来。只见远方尘土飞扬，杀声震天。汉军本来已十分疲惫，这时队伍大哗。

韩信兵马到坡顶，见来敌不足500骑，便急速点兵迎敌。他命令士兵3人一排，结果多出2名；接着命令士兵5人一排，结果多出3名；他又命令士兵7人一排，结果又多出2名。

韩信马上向将士们宣布：我军有1073名勇士，敌人不足500人，我们居高临下，以众击寡，一定能打败敌人。

汉军本来就信服自己的统帅，这一来更相信韩信

楚汉战争 又名"楚汉争霸""楚汉相争""楚汉之战"等。公元前206年农历八月至公元前202年年初，西楚霸王项羽、汉王刘邦两大集团为争夺政权而进行的一场大规模的战争，最后以项羽败亡，刘邦建立西汉王朝而告终。

是"神仙下凡""神机妙算",于是士气大振。一时间旌旗摇动,鼓声喧天,汉军步步进逼,楚军乱作一团。

交战不久,楚军果然大败,落荒而逃。

在这个故事中,韩信能迅速算出有1073名勇士,其实是运用了一个数学原理。他3次排兵布阵,按照数学语言来说就是:一个数除以3余2,除以5余3,除以7余2,求这个数。

对于这类问题的有解条件和解的方法,是由宋代数学家秦九韶首先提出来的,被后世称为"中国剩余定理"。

秦九韶是一位非常聪明的人,处处留心,好学不倦。通过这一阶段的学习,他成为一位学识渊博、多才多艺的青年学者。时人说他"性极机巧,星象、音律、算术,以至营造等事,无不精究","游戏、毬、马、弓、剑,莫不能知"。

秦九韶考中进士以后,先后担任了县尉、通判、参议官、州守、同农、寺丞等官职。他在政务之余,对数学进行潜心钻研,并广泛收集历学、数学、星象、音律、营造等资料,进行分析、研究。

秦九韶在为母亲守孝时,把长期积累的数学知识和研究所得加以编辑,写成了闻名于世的巨著《数书九章》。全书共列算题81问,分

进士 我国古代的科举制度中,通过最后一级考试者,称为"进士"。是古代科举殿试及第者之称。意为可以进授爵位之人。隋炀帝大业年间始置进士科目,应试者皆称"举进士",中试者皆称"进士"。元明清时期,贡士经殿试后,及第者皆赐出身,称"进士"。

■ 秦九韶画像

为9类，每类9个问题，不但在数量上取胜，重要的是在质量上也是拔尖的。

《数书九章》的内容主要有：大衍类，包括一次同余式组解法；天时类，包括历法计算、降水量；田域类，包括土地面积；测望类，包括勾股、重差；赋役类，包括均输、税收；钱谷类，包括粮谷转运、仓窖容积；营建类，包括建筑、施工；军族类，包括营盘布置、军需供应；市物类，包括交易和利息。

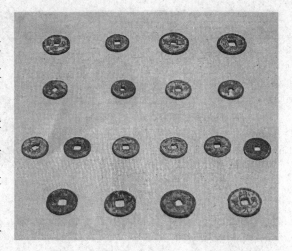
■ 《数书九章》中的钱币理论

《数书九章》系统地总结和发展了高次方程数值解法和一次同余组解法，提出了相当完备的"三斜求积术"和"大衍求一术"等，达到了当时世界数学的最高水平。

秦九韶的正负方术，列算式时，提出"商常为正，实常为负，从常为正，益常为负"的原则，纯用代数加法，给出统一的运算规律，并且扩充到任何高次方程中去。

秦九韶所论的"正负开方术"，被称为"秦九韶程序"。世界各国从小学、中学到大学的数学课程，几乎都接触到他的定理、定律和解题原则。

此项成果是中世纪世界数学的最高成就，比1819年英国人霍纳的同样解法早五六百年。

县尉 我国秦、汉时期的一个官名，主要职责是辅佐当地县令长官治安，此官职当时在大的县城一般安排两人，小的一人。魏、晋、南北朝沿设。西晋洛阳与东晋南朝建康各有6部尉。隋改尉为正，后又置尉，分户曹、法曹。唐初再改为正，旋复为尉，县两或一人，掌分判诸司之事。宋、辽、金、元均沿设，明废。

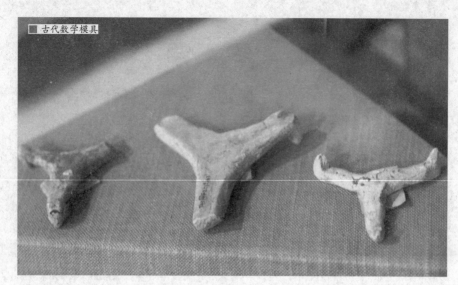
■ 古代数学模具

　　秦九韶还改进了一次方程组的解法，用互乘对减法消元，与现今的加减消元法完全一致；同时它又给出了筹算的草式，可使它扩充到一般线性方程中的解法。

　　在欧洲最早是1559年法国布丢给出的，比秦九韶晚了300多年。布丢用不很完整的加减消元法解一次方程组，而且理论上的完整性也逊于秦九韶。

　　我国古代求解一类大衍问题的方法。秦九韶对此类问题的解法作了系统的论述，并称之为"大衍求一术"，即现代数论中一次同余式组解法。

　　这一成就是中世纪世界数学的最高成就，比西方1801年著名数学家高斯建立的同余理论早500多年，被西方称为"中国剩余定理"。秦九韶不仅为中国赢得无上荣誉，也为世界数学做出了杰出贡献。

　　秦九韶还创用了"三斜求积术"等，给出了已知三角形三边求三角形面积公式。还给出一些经验常数，如筑土问题中的"坚三穿四壤五，粟率五十，墙法半之"等，即使对现在仍有现实意义。

　　秦九韶还在"推计互易"中给出了配分比例和连锁比例的混合命

题的巧妙且一般的运算方法，至今仍有意义。

《数书九章》是对我国古典数学奠基之作《九章算术》的继承和发展，概括了宋元时期我国传统数学的主要成就，标志着我国古代数学的高峰。其中的"正负开方术"和"大衍求一术"长期以来影响着我国数学的研究方向。

秦九韶的成就代表了中世纪世界数学发展的主流与最高水平，在世界数学史上占有崇高的地位。

德国著名数学史家、集合论的创始人格奥尔格·康托尔高度评价了"大衍求一术"，他称赞发现这一算法的中国数学家秦九韶是"最幸运的天才"。

美国著名科学史家萨顿说道：

秦九韶是他那个民族，他那个时代，并且确实也是所有时代最伟大的数学家之一。

秦九韶，中华民族的骄傲！

阅读链接

秦九韶自幼生活在家乡，18岁时曾"在乡里为义兵首"，后随父亲移居京部。其父任职工部郎中和秘书少监期间，正是他努力学习和积累知识的时候。

秦九韶在京部阅读了大量典籍，并拜访天文历法和建筑等方面的专家，请教天文历法和土木工程问题，甚至可以深入工地，了解施工情况。他还曾向隐士学习数学，又向著名词人李刘学习骈俪诗词，达到较高水平。

这些知识的积累，对他后来著作《数书九章》显然是大有裨益的，以至于终成数学大家。

用天元术建方程的李冶

李冶是我国金、元时期的数学家、文学家、诗人。金亡北渡，常与元好问唱和，世称"元李"。晚年居于封龙山下，隐居讲学。

李冶在数学上的主要贡献是天元术，用以研究直角三角形内切圆和外接圆的性质。与杨辉、秦九韶、朱世杰并称为"宋元数学四大家"。

元代三合罗盘

李冶的父亲李遹是一位博学多才的学者，曾在大兴府尹胡沙虎手下任推官。李冶出生的时候，蒙古军队加紧向金代朝廷进攻，腐朽的朝廷内已潜伏着亡国的危机。

李遹的上司胡沙虎是一个深得金朝宠信的奸臣。李遹见他无恶不作，常常据理力争，置个人生死祸福于度外。李遹为了防备不测，便把老小送回故乡栾城。

这时李冶正是童年，他没有随家人回乡而独自到栾城的邻县元氏求学去了。由于胡沙虎篡权乱政，李遹被迫辞职，隐居阳翟，从此不再过问政事。

■ 李冶墓

他吟诗作画，在当地颇有名声。

父亲的正直为人及好学精神对李冶深有影响。在李冶看来，学问比财富更可贵。他在青少年时期，对文学、史学、数学、经学都感兴趣，曾与好友元好问外出求学，拜文学家赵秉文、杨云翼为师，不久便名声大振。

1230年，李冶在洛阳考中词赋科进士，李冶赴洛阳应试，被录取为词赋科进士，时人称赞他"经为通儒，文为名家"。

1232年农历正月，钧州城被蒙古军队攻破。李冶不愿投降，只好换上平民服装，走上了漫长而艰苦的

推官 唐代始置，节度使、观察使、团练使、防御使、采访处置使下皆设一员，位次于判官、掌书记，掌推勾狱讼之事。金、元、明、清代还兼有审计职能。清代初期沿时制，于各府设推官及挂衔推官。顺治时罢挂衔推官，康熙时废除推官。

洞渊派 我国古代道教的一个派别。主要通过斋咒为人治病，《道藏》中冠有洞渊的经书，就是该派的经典。该派起源自晋朝末期的道士王纂。晋末马迹山道士王纂得《洞渊神咒经》，开洞渊道派，入唐而盛。唐代道士韦善俊、叶法善、尹愔等，皆为洞渊派道士。洞渊派道士受洞渊三昧法箓，其法上辟飞天之魔，中治五气，下绝万妖，属于经箓派道团。

■ 元代幻方铁板

流亡之路。这是他一生的重要转折点，将近50年的学术生涯便由此开始了。

李冶经过一段时间的颠沛流离之后，定居于现在山西省崞山的桐川。由于他不再为官，这在客观上使他的科学研究有了充分的时间。他在桐川的研究工作是多方面的，包括数学、文学、历史、天文、哲学、医学等。

李冶在桐川的生活条件是十分艰苦的，不仅居室狭小，而且常常不得温饱，要为衣食而奔波。但他却以著书为乐，从不间断自己的写作。

李冶的数学研究是以天元术为主攻方向的。这时天元术虽已产生，但还不成熟，就像一棵小树一样，需要人精心培植。李冶在前人的基础上，将天元术改进成一种更简便而实用的方法。

特别值得一提的是，他在桐川得到了道教洞渊派的一部算书，内有九容公式，专讲勾股容圆问题的内容。此书对他启发甚大。为了能全面、深入地研究天元术，李冶把勾股容圆问题作为一个系统来研究。

李冶讨论了在各种条件下用天元术求圆径的问题，经过多年的艰苦奋斗，在1248年写成《测圆海镜》12卷。这是他一生中的最大成就，也是我国现存最早的一部系统讲述天元术的著作。

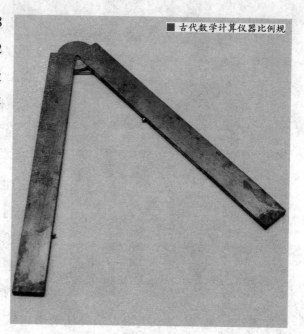

《测圆海镜》不仅保留了洞渊九容公式，即9种求直角三角形内切圆直径的方法，而且给出一批新的求圆径公式。其主要成就是总结并完善了天元术，使之成为我国独特的半符号代数。这种半符号代数的产生，要比欧洲早300年左右。

卷1的"识别杂记"阐明了圆城图式中各勾股形边长之间的关系以及它们与圆径的关系，共600余条，每条可看作一个定理或公式。这部分内容是对中国古代关于勾股容圆问题的总结。

后面各卷的习题，都可以在"识别杂记"的基础上以天元术为工具推导出来。

李冶总结出一套简明实用的天元术程序，并给出化分式方程为整式方程的方法。他发明了负号和一套先进的小数记法，采用了从0至9的完整数码。

除0以外的数码古已有之，是筹式的反映。但筹式中遇0空位，没有符号0。从现存古算书来看，李冶的《测圆海镜》和秦九韶《数书九章》是较早使用0的两本书，它们成书的时间相差不过一年。

《测圆海镜》重在列方程，对方程的解法涉及不多。但书中用天元术导出许多高次方程，给出的根全部准确无误，可见李冶是掌握了高次方程数值解法的。

《测圆海镜》在体例上也有创新。全书基本上是一个演绎体系，卷一包含了解题所需的定义、定理、公式，后面各卷问题的解法均可在此基础上以天元术为工具推导出来。李冶之前的算书，一般采取问题集的形式，各章、卷内容大体上平列。

李冶以演绎法著书，这是我国数学史上的一个进步。

《测圆海镜》的成书标志着天元术成熟，对后世有深远影响。元代王恂、郭守敬在编《授时历》的过程中，曾用天元术求周天弧度。

元代大数学家朱世杰说："以天元演之，明源活法，省功数倍。"

清代著作家阮元认为：

> 立天元者，自古算家之秘术；而海镜者，中土数学之宝书也。

《测圆海镜》无疑是当时世界上第一流的数学著作。但由于内容较深，粗知数学的人看不懂，所以天元术的传播速度较慢。

■ 清代名臣阮元

阮元（1764年—1849年），字伯元，号芸台，又号雷塘庵主，晚号怡性老人，扬州仪征人。少年即笃志坟典，1789年中进士，入翰林院任庶吉士，1790年授翰林院编修。1849年去世，谥"文达"。他毕生仕宦特达，但撰述编纂工作未尝稍辍。他学问渊博，在经学、方志、金石学及诗词方面都有很高造诣，尤以音韵训诂之学为长。

李冶清楚地看到这一点，他坚信天元术是解决数学问题的一个有力工具，同时深刻认识到普及天元术的必要性。于是，他在1259年写成另一部数学著作《益古演段》，这是一本普及天元术的著作。

《益古演段》把天元术用于解决实际问题，研究对象是日常所见的方、圆面积。全书64题，处理的主要是平面图形的面积问题，所求多为圆径、方边、周长之类。

除4道题是一次方程外，其他全是二次方程问题，内容安排基本上是从易到难。

此时的李冶对天元术的运用更加熟练，他在《益古演段》中常用人们易懂的几何方法对天元术进行验证，这对于人们接受天元术是有好处的。

在数学理论上，《益古演段》也有不少创新。该书的问题与《测圆海镜》不同，它所求的量不是一个而是两三个、甚至4个。按古代方程理论，应该用方程组来解，所含方程个数与所求量个数一致。但解二

出入相补原理

我国古代数学中一条用于推证几何图形的面积或体积的基本原理。一个平面图形从一处移置他处，面积不变。又图形分割成若干块，则各部分面积之和等于原来图形的面积，因而图形移置前后诸面积间的和、差有简单的相等关系。立体情形也是如此。

■ 古代数学书籍

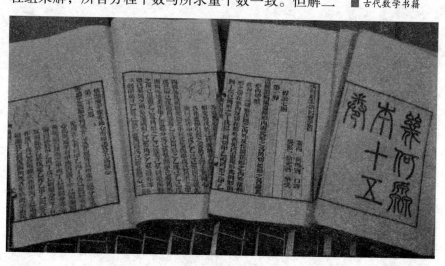

次方程组要比解一元方程要困难得多。

李冶既已完善了天元术程序，便力图提高它的一般化程度，用以解决各种多元问题。

他的主要方法是利用出入相补原理及等量关系来减少未知数，化多元为一元，找到关键的天元一。一旦这个天元一求出来，其他要求的量就可根据与天元一的关系，很容易求出了。

《益古演段》的价值不仅在于普及天元术，理论上也有创新。

李冶善于用传统的出入相补原理及各种等量关系来减少题目中的未知数个数，化多元问题为一元问题。

同时，李冶在解方程时采用了设辅助未知数的新方法，以简化运算。

《益古演段》图文并茂，深入浅出，不仅利于教学，也便于自学。

这些特点，使《益古演段》成为一本受人们欢迎的数学教材，它对天元术的传播发挥了不小的作用。同时，它也是现存使用天元术的最早的两部数学著作之一，具有重要的研究价值。

阅读链接

李冶曾与金代遗老窦默等人接受忽必烈的召见，向忽必烈提出"辨奸邪、去女谒、屏馋慝、减刑罚、止征伐"5条政治建议。

忽必烈聘请李冶担任翰林学士知制诰同修国史，这是一份清高而显要的工作。但李冶以老病为辞，婉言谢绝了。

李冶拒绝忽必烈的聘请是有原因的。忽必烈没有真正接受李冶"止征伐"的建议，而是大举攻宋，从而引起李冶不满。

此外，忽必烈初登帝位时连年内战，而李冶是个追求思想自由的人，尤其不愿在学术上唯命是从。

贯通古今的数学家朱世杰

朱世杰是元代数学家、教育家，毕生从事数学教育。有"中世纪世界最伟大的数学家""贯穿古今的一位最杰出的数学家"之誉。与秦九韶、杨辉、李冶并称为"宋元数学四大家"。

朱世杰的著作《算学启蒙》是一部通俗数学名著，曾流传海外，影响了朝鲜、日本数学的发展。《四元玉鉴》则是我国宋元时期数学高峰的又一个标志，其中最杰出的数学创作有"四元术""垛积法"与"招差术"。

■ 元代数学家朱世杰画像

■《算学启蒙》中的银锭图

数学史鉴 数学历史与数学成就

朱世杰的青少年时代，大约相当于蒙古灭金之后。元统一全国后，朱世杰曾以数学家的身份周游各地20余年，向他求学的人很多。他到广陵时，史载"踵门而学者云集"。

就当时的数学发展情况而论，在河北南部和山西南部地区，出现了一个以"天元术"为代表的数学研究中心。

当时的北方，正处于天元术逐渐发展成为二元、三元术的重要时期，朱世杰较好地继承了当时北方数学的主要成就，他把"天元术"这一成就拓展为"四元术"。

朱世杰除继承和发展了北方的数学成就之外，还吸收了当时南方的数学成就，比如各种日用、商用数学和口诀、歌诀等。

朱世杰在经过长期游学、讲学之后，全面继承了前人数学成果，既吸收了北方的天元术，又吸收了南方的正负开方术及通俗歌诀等，在此基础上进行了创造性的研究，写成以总结和普及当时各种数学知识为宗旨的《算学启蒙》，又写成四元术的代表作《四元玉鉴》，先后于1299年和1303年刊印。

《算学启蒙》全书共3卷，20门，总计259个问题

广陵 即江苏省扬州市。宋太宗时期，全国分为十、道，扬州属淮南道。后又分全国为15路，扬州属淮南路。宋神宗时期分淮南路为东、西两路，扬州属淮南东路。宋高宗南渡以后，江都县析出广陵县，扬州增领广陵、泰兴两个县。

和相应的解答。这部书从乘除运算起，一直讲至当时数学发展的最高成就"天元术"，全面介绍了当时数学所包含的各方面内容。

卷上共分为8门，收有数学问题113个。其内容为：乘数为一位数的乘法、乘数首位数为一的乘法、多位数乘法、首位除数为一的除法、多位除数的除法、各种比例问题如计算利息、税收等。

其中"库司解税门"第七问题记有"今有税务法则三十贯纳税一贯"，同门第十、第十一两问中均载有"两务税"等，都是当时实际施行的税制。

朱世杰在书中的自注中也常写有"而今有之""而今市舶司有之"等，可见书中的各种数据大都来自当时的社会实际。因此，书中提到的物价包括地价、水稻单位面积产量等，对了解元代社会的经济情况也是有用的。

卷中共7门，71问。内容有各种田亩面积、仓窖容积、工程土方、复杂的比例计算等。

卷下共5门，75问。内容包括各种分数计算、垛积问题、盈不足算法、一次方程解法、天元术等。

其中的主要贡献

市舶司 我国古代管理对外贸易的机构。唐玄宗开元年间设置，一般由宦官担任，是为市舶司前身。负责对外主要是海上贸易之事。唐代对外开放，外商来货贸易，广州等城市就成了重要通商口岸，国家在此设市舶司，或特派，或由所在节度使兼任。

■《算学启蒙》中的货币图

■元代学者陶俑

数学史鉴

数学历史与数学成就

是创造了一套完整的消未知数方法，称为"四元消法"。这种方法在世界上长期处于领先地位，直至18世纪，法国数学家贝祖提出一般的高次方程组解法，才与朱世杰一争高下。

《算学启蒙》体系完整，内容深入浅出，通俗易懂，是一部很著名的启蒙读物。这部著作后来流传到朝鲜、日本等国，出版过翻刻本和注释本，产生过一定的影响。

《四元玉鉴》全书共3卷，24门，288问。书中所有问题都与求解方程或求解方程组有关。

比如，四元的问题有7问，三元者13问，二元者36问，一元者232问。可见，多元高次方程组的解法即"四元术"是《四元玉鉴》的主要内容，也是全书的主要成就。

《四元玉鉴》中的另一项突出的成就是关于高阶等差级数的求和问题。在此基础上，朱世杰还进一步解决了高次差的招差法问题。这是他在"垛积术""招差术"等方面的研究和成果。

这些成果是我国宋元数学高峰的又一个标志。其中讨论了多达四元的高次联立方程组解法，联系在一起的多项式的表达和运算以及消去法，已接近近世代数学，处于世界领先地位，比西方早400年。

《四元玉鉴》是一部成就辉煌的数学名著，受到近代数学史研究者的高度评价。

美国著名的科学史家萨顿称赞说道：

是中国数学著作中最重要的一部，同时也是中世纪的杰出数学著作之一。

他还评论说：

朱世杰是他所生存时代的，同时也是贯穿古今的一位最杰出的数学家。

如此之高的评价，朱世杰和他的著作都是当之无愧的。

朱世杰不仅是一名杰出的数学家，他还是一位数学教育家。他曾周游四方各地，并亲自编著数学入门书《算学启蒙》。在《算学启蒙》卷下中，朱世杰提出已知勾弦和、股弦和求解勾股形的方法，补充了《九章算术》的不足。

总之，朱世杰在数学科学上，全面地继承了秦九韶、李冶、杨辉的数学成就，并给予创造性的发展，写出了《算学启蒙》《四元玉鉴》等著名作品，把我国古代数学推向了更高的境界。

阅读链接

《算学启蒙》出版后不久即流传至朝鲜和日本。在朝鲜的李朝时期，《算学启蒙》和《详明算法》《杨辉算法》一道被作为李朝时期选仕的基本书籍。

《算学启蒙》传入日本的时间已不可考，日本后西天皇时在京都的一个寺院中发现了这部书，之后进行了几次翻刻，对日本和算的发展有较大的影响。

《四元玉鉴》一书的流传也曾几经波折。日本数学史家三上义夫在其所著《中日数学之发展》一书中将《四元玉鉴》介绍至国外。

世界级数学大师梅文鼎

梅文鼎是清代初期著名的天文学家、数学家，为清代"历算第一名家"和"开山之祖"。与英国的牛顿，日本的关孝和同被称为"世界科学巨擘"。

梅文鼎是一位自学成才的大数学家。他把中外数学知识融会贯通，加以阐发，对我国后世数学的发展有很大影响。他是我国近代数学的开拓者。

■ 数学大师梅文鼎画像

清代康熙皇帝是一个热衷于科技的皇帝，对科技领域的许多课题都有研究，而对科技人才更是极为重视。1705年，康熙帝于南巡途中3次召见梅文鼎，讨论天文、历算等学术问题。

康熙翻阅着梅文鼎的数学著作《方程论》，向梅文鼎笑道："朕今日闲来无事，便看了你写的《方程论》，此书明确提到'形'和'数'的观点，先生且把这个论点细细解释一番，朕想听听。"

梅文鼎想了想，回答道："草民在《方程论》一书中按照'形'和'数'来区别数学对象。'形'就是图形的意思，也就是几何学。'数'即数量关系，是代数研究的内容。"

"而且，在数学的两大范畴即'量法'与'算术'中，分别以勾股和方程最为重要。勾股是量法之极，方程是算术之极。"

康熙点点头，笑道："那你提到的'几何即勾股'的论点又该作何解释呢？"

梅文鼎笑道："回皇上的话，其实，中国古代的'勾股术'是一切数学之本，一切几何不论是平面几何、立体几何，还是三角，乃至球面三角都可以用传统的勾股术来解释，甚至可以用勾股术来统一整个几何学。"

康熙帝（1654年—1722年），全名爱新觉罗·玄烨。满族。清代第四位皇帝，清朝定都北京后第二位皇帝，谥号"合天弘运文武睿哲恭俭宽裕孝敬诚信功德大成仁皇帝"，庙号圣祖。他是我国统一的多民族国家的捍卫者，奠下了清代兴盛的根基，开创出"康乾盛世"的大好局面。

■ 康熙和他的大臣们

"在《几何原本》一书中，我明确指出'几何即勾股'论的目的，就是用中国传统勾股术包容西方的几何学。"

康熙皇帝笑道："你的观点也有些道理，只是以勾股术建构全部的几何学，是不是有点太绝对了点？"

梅文鼎答道："草民之前也觉得有些绝对，但通过对15个论题的证明过程来看，'几何即勾股'的概念还是能行得通的。"

康熙说道："也罢，自圆其说是做学问的一重境界，也能祛除旁观者的疑窦。但据朕所知，数学运算的规律很多，但有些规律的存在并不明显，而人们大多知道，但却无人去总结。其中最明显的是'乘法交换律'，听闻先生第一个用明文形式将此定律表述出来。不妨说来听听。"

梅文鼎笑道："'乘法交换律'可这样理解：'实'是被乘数，而'法'是乘数，分别用a、b表示，可写成ab。'实'、'法'在乘法上可以互用，就是说'实'可以当作乘数，而'法'则可以当作被乘数，即ab等于ba。"

康熙轻轻品一口香茗，笑道："确实如此。朕再补充一句。西法中所用之数学正如你所说主要是球面

球面三角 球面几何学的一部分。研究球面三角形的边、角关系的一门古老学科。在天文学上的重要性是用于计算天体轨道和地球表面与太空航行时的天文导航。从16世纪起由于天文学、航海学、测量学等方面的发展，球面三角逐渐形成了独立学科。

三角法，明显优于中法。球面三角法应如何论述？"

梅文鼎垂首道："草民略通一点。球面三角形是由大圆的弧连接球面上的3点所构成的三角形，因此，常用角度的单位表示。如同平面三角形一样，通常用字母A、B、C表示球面三角形的3个顶点，或三角形的3个角，用a、b、c表示它们所对应的边。"

"3条边和3个角，合称球面三角形的6个元素。大角对大边，大边对大角。球面三角形的内角之和大于180度，小于540度，其值的大小同三角形的面积成正比。球面三角形的边和角之间存在一定的数量关系，并且许多天文问题，都通过解球面三角形解决。"

康熙颔首道："嗯，很好。咱们再说一下图解法。图解法可用于代数和几何领域。如今利用几何图形的变换可证明许多代数公式，比如勾股定理的计算公式等。那图解法可否用于天文学领域呢？"

梅文鼎答道："回皇上，这是可以的。草民曾把图解法引入天文学的研究中，大量运用几何图形来解释天文现象，几何学方法成为天文研究的重要工具。可以这么说，图解法的运用大大拓宽了中华民族在科技领域的研究范围，这是中西学术融会贯通的一大利好。"

康熙笑道："先生所言非虚。当真不愧为一代科技宗师！"

梅文鼎见康熙以"科技宗师"这4个字来评价自己，不由得心头一震，忙道："草民惶恐。'科技宗师'4字实在担当不起。承蒙圣上不弃，得以在耄耋之年初见天颜，实慰平生所学。倘或不殚精竭虑于科技事

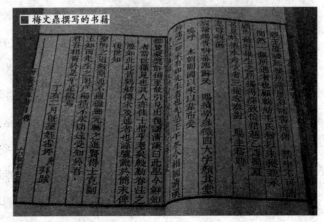
■ 梅文鼎撰写的书籍

業，当真是羞愧残生。"

康熙起身，踱步，笑道："朕说你是科技宗师，你便是科技宗师。泱泱中华大国，似先生这般倾心于天文事业的学者，实在是寥寥无几，掰着手指头都能数过来。"

临别之际，康熙亲笔题写"绩学参微"4个大字来表彰梅文鼎在天文学和数学领域的辛勤劳作和不凡造诣，成为清代数坛佳话。

梅文鼎出身于书香门第，其先祖可远溯至北宋名儒梅尧臣。曾祖、祖父亦相继为明朝官吏。父梅士昌于明亡后隐居耕读。

梅文鼎自幼聪颖，儿时随父并塾师罗王宾仰观天象，就能了解运旋大意。9岁熟五经，通史事，有"神童"之誉。14岁入县学，15岁补博士弟子员，以后屡应乡试不第。

27岁师从竹冠道长倪观湖学习天文历法，并将学习心得写成《历学骈枝》2卷，以后又广搜天文、数学方面的各种中、西算书，倪观湖认为他"智过于师"。

梅文鼎42岁时，在金陵购得明版《崇祯历书》一部分，同时抄得波兰教士穆尼阁的《天步真原》等书，从此开始系统钻研当时传入的西方天文、数学知识。

为开阔眼界，50岁的梅文鼎到

134

数学史鉴

数学历史与数学成就

■ 清代王锡阐画像

人文荟萃的北京寻师访友，结交名流，获读历算大师王锡阐所著《圆解》《测食》和其他历算专著，并对其所定"大统法"和"三辰仪晷"进行研究和讨论，终于写成了《王寅旭书补注》。

《历学疑问》

1689年，梅文鼎奉明史馆诸公之召到了北京，他广交学者名流，努力开阔视野。他关于历算的宏论，使"史局服其精核"，一时名声大振。

随即应理学名臣李光地之邀，将其研习天文历法心得以问答形式撰成一书，取名《历学疑问》。

后来康熙帝读到李光地进呈的《历学疑问》，对书中观点非常欣赏。康熙帝于南巡途中，在德州运河舟中3次召见梅文鼎，深感梅文鼎学识渊博，称赞他为"科技宗师"。

梅文鼎作为当时"世界三大科学家"之一，毕生都在追求数学事业。他在传统数学研究方面著述丰厚，成就巨大；对当时传进来的西方数学，进行了全面的、系统的整理和会通工作，并且有所创造。

在传统数学研究方面，梅文鼎比较系统地整理和研究了一次方程组解法，勾股形解法以及求高次幂正根的方法。

在《方程论》中，梅文鼎纠正了当时一些流行著作的错误；对系数为分数的一次方程组提出新的解法。他又最先对数学进行分类，把传统数学分为算法和量法。

在《勾股举隅》中，对于已知勾、股、弦、勾股和及勾股积等14

群星闪耀

数学名家

■ 理学名臣李光地画像

李之藻 （1565年—1630年），明代科学家。学识渊博，娴于天文历算、数学。晚畅兵法，精于西之学，与徐光启齐名。主要著作还有《浑盖通宪图说》等，均收在自辑的《天学初函》52卷中。

事中任意两事可求解勾股形，梅文鼎举出若干例题来说明这种算法。他提出了勾股定理的3种新证法，并独立发现"理分中末线"。

在《少广拾遗》中，梅文鼎依据二项式定理系数表，举例说明求平方、立方至十二次方的正根的方法，虽未能恢复和发展增乘开方法，但已使明代逐渐消失的求高次幂正根的方法重新发展起来。其中也阐发了"杨辉三角"。

《古今历法通考》是我国第一部历学史。

《交食管见》《交食蒙求》等，提出了更加准确的交食预报方法。

《平三角举要》《弧三角举要》等，是我国最早的三角学和球面三角学专著。

《环中黍尺》总共5卷，论述球面三角形解法，并将此法应用于天文学，解答有关天球赤道、黄道的问题。

梅文鼎还做了大量拾遗补阙、匡正谬误工作，如著《庚午元历考》匡正《元史》《志》之讹；著《交食图法订误》纠正杨光先《日食图》之误。著《回回法补注》《西域天文书补注》《浑盖通宪图说订补》《七政草补注》等30余种。

在对西方数学的整理、会通过程中，梅文鼎也颇多创造。《笔算》是介绍李之藻和利玛窦合作翻译的西方算术译著《同文算指》的算法。《筹算》是介绍纳皮尔算筹的计算，《度算释例》是介绍伽利略比例规的算法。

在这之中，他根据我国书写的特点和传统的习惯，把《同文算指》的横式算式改为直式，把直式的纳皮尔算筹改为横式。

除了介绍伽利略比例规的算法，他还改正了意大利天主教耶稣会传教士罗雅谷在其《比例规解》中的讹误。

梅文鼎在《几何补编》中证明了除六面体外的其他4种多面体的体积和内切球半径的公式，纠正了《测量全义》计算二十面体体积的错误。

他还研究了许多复杂的有关正多面体的作图问题，例如在一个正六面体内做一个正二十面体，使其12个顶点都在六面体的6个面上。

对于《几何原本》，梅文鼎认为此书"以点线面体为测量之资，制器作图颇为精密"，但"篇目既多，而取径迂回，波澜阔远，枝叶扶疏，读者每难卒业"。因此他用传统的勾股算法进行会通，证明了《几何原本》卷2、卷3、卷4、卷6中15个定理。

梅文鼎的《堑堵测量》是用勾股算法会通球面直角三角形的边角关系公式，《环中黍尺》是用直角射影的方法证明球面三角学的余弦定理。结合球面三角计算的需要，他在《环中黍尺》中还用几何方法证明了平面三角学的积化和差

■ 数学书籍《几何图学》

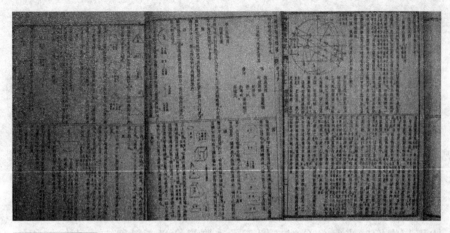

■《梅氏丛书辑要》

梁启超（1873年—1929年），清代光绪时期的举人，和其师康有为一起，倡导变法维新，并称"康梁"。他是戊戌变法的领袖之一，我国近代维新派的代表人物。他的著作合编为《饮冰室合集》。

公式。

数学巨著《中西数学通》，几乎总括了当时世界数学的全部知识，达到当时我国数学研究的最高水平。

《仰观仪式》将我国固有星图与西方传入的星图相互比较，把我国星图有名而外国无名的星，都一一注明，并列出我国古代二十八宿与近代星座对照表。

上述这些关于传统数学和阐发西学的著作，有释义，有理论，有解法，有应用，既坚持了我国古代数学密切联系实际的传统，又十分重视数学理论的研究。他的研究范围几乎涉及当时可能接触到的各个领域，并在一些领域中取得了有相当水平的研究成果。

梅文鼎生于西方历算东渐、我国古代科学衰微之时，他独树一帜。其数学研究遍及初等数学各方面，他是我国传统数学处于沉寂和复苏交接时期的一位承前启后、融会中西的数学大师，在发掘、整理古代传统数学和传播、引进西方数学上做出了巨大的贡献。其影响及于整个清代，而且声誉播于海外。

清代思想家梁启超在《清代学术概论》中，把梅文鼎列为清代六大儒之一，誉为清代天文算法"开山之祖"。清代著名数学家焦循赞扬梅文鼎的学术成就时曰："千秋绝诣、自梅而光。"

梅文鼎的《梅氏丛书辑要》收录了他的数学著作13种40卷，天文著作10种20卷，还著历算书80余种；丛书收入《四库全书》，流传日、英、法等国，对世界数学、天文学产生了巨大影响。

另外，梅文鼎亦擅诗文，作诗2000多首，《积学堂诗钞》仅收368篇。其弟文鼐，堂弟文鼏，子以燕，孙毂成，玕成，曾孙玢，钫等10多人都通晓数学，祖孙四代被誉为"宣城数学派"。

17世纪至18世纪，世界上有3位齐名的大数学家：英国牛顿、日本关孝和、中国梅文鼎。

牛顿是英国伟大的数学家、物理学家、天文学家和自然哲学家，牛顿在科学上最卓越的贡献是创建微积分和经典力学。关孝和是日本古典数学的奠基人，也是关氏学派或称关流的创始人，在日本被尊称为算圣。

而我国的梅文鼎则是承前启后、横贯中西的数学大师、清代天文算法"开山之祖"、清代"算学第一人"。

阅读链接

梅文鼎在治学上最突出的特点是勤奋好学。遇到难读的书，他从不轻易绕过，而是反复钻研，一定要弄懂其中的意义。后来他曾客居北京，也常常篝灯夜读，令与他同住的朋友大为惊异。

他有时读别的书的时候，无意中触发心中的疑团，豁然开朗，便趁夜秉烛，立刻记下来。有时听说某地有位在天文、数学方面很有修养的人，他就不顾旅途劳累，步行登门求教。有时找到的书，残缺不全，就设法抄补，不错一字，不漏一句。据说手抄杂帙，不下数万卷。

学贯中西的数学家李善兰

李善兰是近代著名的数学家、天文学家、力学家和植物学家。他为了使先进的西方近代科学能在我国早日传播，不遗余力，克服了重

重困难，学贯中西，做出了很大贡献。其多部译作弥补了我国数学在某方面的空白。

李善兰创立了二次平方根的幂级数展开式，各种三角函数、反三角函数和对数函数的幂级数展开式。

这是李善兰也是我国19世纪数学界取得的最重大的成就。李善兰是继梅文鼎之后清代数学史上的又一杰出代表。

■李善兰画像

■ 中西方科学家

　　李善兰从小就喜欢数学，而且勤于思考，常把身边的事物和数学联系起来。

　　有一天，李善兰随父亲到海宁城里一位大绅士家做客，看到墙上挂着一幅《百鸟归巢》图，画家是当时很有名的花鸟画高手，在他生花妙笔的点染下，使看画的人仿佛闻到了花香、听到了鸟的叫声。

　　画的右上角还有一首题画诗，上面写道："一只过了又一只，3、4、5、6、7、8只。凤凰何少雀何多，啄尽人间千万石。"

　　李善兰看到这幅画后，心中也顿然一动。题目是《百鸟归巢》，可全诗却没有百字，只有这几个数字，好像是题诗人的有意安排，但究竟有什么深藏的机密呢？他看着这些数字想了又想，当时他也没有想明白。

　　回到家中，他还在心里琢磨，当他看到书架上的

海宁 位于长江三角洲南翼、浙江省北部。是良渚文化发源地之一。据考古资料证明，距今六七千年前，海宁土地上就已有先民生息。海宁是典型的江南水乡，素有"鱼米之乡、才子之乡、文化之邦、皮革之都"的美誉。

■《九章算术》

私塾 是我国古代社会一种开设于家庭、宗族或乡村内部的民间幼儿教育机构。它是旧时私人所办的学校，以儒家思想为中心，是私学的重要组成部分。清代地方儒学有名无实，青少年真正读书受教育的场所，除义学外，一般都在地方或私人所办的学塾里。因此清代学塾发达，遍布城乡。

数学书箱时，他恍然大悟，原来这是一道数学题。他在纸上写下了这样几个数：1、1、3、4、5、6、7、8，怎样能使它们和百鸟联系在一起呢？

就在他拿来书架上的数学书翻开的时候，在脑子里突然涌现出了几个算式：$1 \times 2 = 2$；$3 \times 4 = 12$；$5 \times 6 = 30$；$7 \times 8 = 56$；$2 + 12 + 30 + 56 = 100$。

这不正对应着《百鸟归巢》的"百"吗？而最后的两句诗是讽刺官员欺压百姓，就像鸦雀一样，把老百姓成千上万的粮食侵占了。

这真是一幅绝妙的画！看来，画家也有很深的数学造诣。

李善兰自幼就读于私塾，受到了良好的家庭教育。他资禀颖异，勤奋好学，于所读之诗书，过目即能成诵。有一次，他发现父亲的书架上有一本我国古代数学名著《九章算术》，感到十分新奇有趣，从此迷上了数学。

14岁时，李善兰又靠自学读懂了欧几里得《几何原本》前6卷，这是明末徐光启与利玛窦合译的古希腊数学名著。欧氏几何严密的逻辑体系，清晰的数学推理，与偏重实用解法和计算技巧的我国古代传统数学思路迥异，自有它的特色和长处。

李善兰在《九章算术》的基础上，又吸取了《几何原本》的新思想，这使他的数学造诣日趋精深。

后来，又研读了金元时期的数学家李冶的《测圆海镜》，清代末期数学家戴煦的《勾股割圆记》等书，所学渐深。

1852年，李善兰离家来到上海的墨海书馆。

墨海书馆是1843年为翻译西方书籍由英国传教士麦都思开设的，它也是西方传教士与我国知识分子联系的一条渠道。李善兰在那里结识了英国传教士伟烈亚力和艾约瑟。

当时墨海书馆正在物色能与传教士协作翻译的外语人才。

李善兰的到来使他们十分高兴，但又不甚放心，于是，他们拿出西方最艰深的算题来考李善兰，结果都被李善兰一一作了解答，得到传教士们的赞赏。从此以后，李善兰开始了译著西方科学著作的生涯。

李善兰翻译的第一部著作是《几何原本》后9卷，由于他不通外文，因此不得不依靠传教士们的帮助。

《几何原本》的整个翻译工作都是由伟烈亚力口述，由李善兰笔录的。

其实这并非容易，因为西方的数学思想与我国传统的数学思想很不一致，表达方式也大相径庭。

戴煦（1806年—1860年），我国清代晚期数学家。戴煦在青年时期就写成了《重差图说》一书，文字深入浅出，内容通俗易懂。戴煦在研究国外传入的新运算法——对数时，发明了"图表法"。这一方法不仅运算的数据正确，而且也要比一般的算法更为简便易行。

■《几何原本》

虽然说是笔录，但在实际上却是对伟烈亚力口述的再翻译。就如伟烈亚力所说，正是由于李善兰"精于数学"，才能对书中的意思表达得明白无误，恰到好处。

这本书的翻译前后历经4年才告成功。

在译《几何原本》的同时，李善兰又与艾约瑟一起译出了《重学》20卷。这是我国近代科学史上第一部力学专著，在当时产生了很大的影响。

1859年，李善兰又译出两部很有影响的数学著作《代数学》13卷和《代微积拾级》18卷。前者是我国第一部以代数命名的符号代数学，后者则是我国第一部解析几何和微积分的著作。

这两部书的译出，不仅向我国数学界介绍了西方符号代数、解析几何和微积分的基本内容，而且在我

■《代微积拾级》

国的数学领域中创立起许多新的概念、新的名词、新的符号。

这些新东西虽然引自西方原本，但以中文名词的形式出现却离不开李善兰的创造，其中的代数学、系数、根、多项式、方程式、函数、微分、积分、级数、切线、法线、渐近线等，都沿用至今。

这些汉译数学名词可以做到顾名思义。李善兰在解释"函数"一词时说，"凡此变数中函彼变数，则此为彼之函数。"这里，"函"是含有的意思，它与函数概念着重变量之间的关系的意思是十分相近的。许多译名后来也为日本所采用，并沿用至今。

在《代微积拾级》中附有第一张英汉数学名词对照表，其中收词330个，有相当一部分名词已为现代数学所接受，有些则略有改变，也有些已被淘汰。

除了译名外，在算式和符号方面李善兰也做了许多创造和转引工作。比如从西文书中引用了×、÷、＝等符号。

李善兰除了与伟烈亚力合译了《几何原本》《代数学》和《代微积拾级》外，还与艾约瑟合译了《圆锥曲线论》3卷。这4部译著虽说与当时欧洲数学已有

■李善兰画像

符号 是指具有某种代表意义的标识。来源于规定或者约定俗成，其形式简单，种类繁多，用途广泛，具有很强的艺术魅力。现在所能知道的最古老的数字符号系统，产生于公元前3000年的古埃及和古巴比伦。现在发现的我国最早的数字，记录在公元前1400年前的殷代甲骨文上。

■ 李善兰画像

华蘅芳 (1833
年—1902年),
清代末期数学
家、翻译家和教
育家。华蘅芳曾
3次被奏保举,
受到洋务派器
重,一生与洋务
运动关系密切。
他官至四品,但
非从政。他不慕
荣利,穷约终
身,坚持了科
学、教育的道
路,与李善兰、
徐寿齐名,同为
我国近代科学事
业的先行者。

很大差距,但作为高等数学在我国引入还是第一次,它标志着近代数学已经在我国出现。

就具体数学内容来说,它们包括了虚数概念、多项式理论、方程论、解析几何、圆锥曲线论、微分学、积分学、级数论等,所有的内容都是基本的和初步的,然而,它对我国数学来说却是崭新的。有了这个起点,我国数学也就可以逐步走向世界数学之林。

1858年,李善兰又向墨海书馆提议翻译英国天文学家约翰·赫舍尔的《天文学纲要》和牛顿的《自然哲学数学原理》。此外又与英国人韦廉臣合译了林耐的《植物学》8卷。

在1852年至1859年的七八年间,李善兰译成著作七八种,共约七八十万字。其中不仅有他擅长的数学和天文学,还有他所生疏的力学和植物学。

在介绍西学方面,这里值得一提的是,在李善兰之后,清代末期数学家、翻译家和教育家华蘅芳做了积极的翻译工作。

华蘅芳先与美国玛高温合译了《金石识别》《地学浅释》《防海新论》和《御风要术》等矿物学、地学、气象学方面的书共5种；又与英国人傅兰雅合译了《代数术》《微积溯源》《决疑数学》《三角数理》《三角难题解法》《算式解法》6种，另有未刊行的译著4种，进一步介绍近代西方的代数学、三角学、微积分学和概率论。

这些译著都成为我国学者了解和学习西方数学的主要来源。其中的《决疑数学》具有突出地位，这是第一部在我国编译的概率论专著。

李善兰在数学研究方面的成就，主要有尖锥术、垛积术和素数论3项。

尖锥术理论主要见于《方圆阐幽》《弧矢启秘》《对数探源》3部著作，成书年代约为1845年，当时解析几何与微积分学尚未传入我国。

李善兰的著作将近代数学思想运用于解决我国传统课题之中，取得了出色的成就。

李善兰创立的"尖锥"概念，是一种处理代数问题的几何模型，他对"尖锥曲线"的描述实质上相当于给出了直线、抛物线、立方抛物线等

翻译 是指将一种语言文字的意义用另一种语言文字表达出来，而在翻译实践和翻译理论方面具有很深的造诣的人就被称为翻译家。我国历史上的翻译家有：唐代佛经翻译家玄奘；清末著名翻译家严复。

■ 清代天球仪

方程。

他创造的"尖锥求积术",相当于幂函数的定积分公式和逐项积分法则。他用"分离元数法"独立地得出了二项式平方根的幂级数展开式,并结合"尖锥求积术",得到了圆周率的无穷级数表达式。

垛积术理论主要见于《垛积比类》,这是有关高阶等差级数的著作,是早期组合论的杰作。李善兰从研究我国传统的垛积问题入手,获得了一些相当于现代组合数学中的成果,创立了驰名中外的"李善兰恒等式"。

素数论主要见于《考数根法》,这是我国素数论方面最早的著作。在判别一个自然数是否为素数时,李善兰证明了著名的费马素数定理,并指出了它的逆定理不真。

李善兰是继梅文鼎之后清代数学史上的又一杰出代表。李善兰还是一位翻译家,他一生翻译西方科技书籍甚多,将近代科学最主要的几门知识——从天文学到植物细胞学的最新成果介绍传入我国,对促进近代科学的发展做出了卓越的贡献。

阅读链接

李善兰在故里时,曾与蒋仁荣、崔德华等亲朋好友组织"鸳湖吟社",常游"东山别墅",分韵唱和,当时曾利用相似勾股形对应边成比例的原理测算过东山的高度。他的经学老师陈奂在《师友渊源记》中说他"孰习九数之术,常立表线,用长短式依节候以测日景,便易稽考"。

明清之际诗人余楙在《白岳庵诗话》中说他"夜尝露坐山顶,以测象纬踌次"。至今李善兰的家乡还流传着他在新婚之夜探头于阁楼窗外观测星宿的故事。